· 超级思维训练营系列丛书 ·

怪诞无比的推理

GUAIDAN WUBI DE TUILI

谢冰欣 ◎ 编 著

开启思维之门 —— ☆ —— 发散百变思维推理智慧

中国出版集团　現代出版社

图书在版编目(CIP)数据

怪诞无比的推理 / 谢冰欣编著. —北京:现代出版社,
2012.12(2021.8 重印)
(超级思维训练营)
ISBN 978 – 7 –5143 – 0976 – 8

Ⅰ. ①怪… Ⅱ. ①谢… Ⅲ. ①思维训练 – 青年读物②思维
训练 – 少年读物 Ⅳ. ①B80 – 49

中国版本图书馆 CIP 数据核字(2012)第 275729 号

作　　者	谢冰欣	
责任编辑	刘春荣	
出版发行	现代出版社	
通讯地址	北京市安定门外安华里 504 号	
邮政编码	100011	
电　　话	010 – 64267325　64245264(传真)	
网　　址	www. xdcbs. com	
电子邮箱	xiandai@ cnpitc. com. cn	
印　　刷	北京兴星伟业印刷有限公司	
开　　本	700mm ×1000mm　1/16	
印　　张	10	
版　　次	2012 年 12 月第 1 版　2021 年 8 月第 3 次印刷	
书　　号	ISBN 978 – 7 –5143 – 0976 – 8	
定　　价	29.80 元	

前　言

　　每个孩子的心中都有一座快乐的城堡,每座城堡都需要借助思维来筑造。一套包含多项思维内容的经典图书,无疑是送给孩子最特别的礼物。武装好自己的头脑,穿过一个个巧设的智力暗礁,跨越一个个障碍,在这场思维竞技中,胜利属于思维敏捷的人。

　　思维具有非凡的魔力,只要你学会运用它,你也可以像爱因斯坦一样聪明和有创造力。美国宇航局大门的铭石上写着一句话:"只要你敢想,就能实现。"世界上绝大多数人都拥有一定的创新天赋,但许多人盲从于习惯,盲从于权威,不愿与众不同,不敢标新立异。从本质上来说,思维不是在获得知识和技能之上再单独培养的一种东西,而是与学生学习知识和技能的过程紧密联系并逐步提高的一种能力。古人曾经说过:"授人以鱼,不如授人以渔。"如果每位教师在每一节课上都能把思维训练作为一个过程性的目标去追求,那么,当学生毕业若干年后,他们也许会忘掉曾经学过的某个概念或某个具体问题的解决方法,但是作为过程的思维教学却能使他们牢牢记住如何去思考问题,如何去解决问题。而且更重要的是,学生在解决问题能力上所获得的发展,能帮助他们通过调查,探索而重构出曾经学过的方法,甚至想出新的方法。

　　本丛书介绍的创造性思维与推理故事,以多种形式充分调动读者的思维活性,达到触类旁通、快乐学习的目的。本丛书的阅读对象是广大的中小学教师,兼顾家长和学生。为此,本书在篇章结构的安排上力求体现出科学性和系统性,同时采用一些引人入胜的标题,使读者一看到这样的题目就产生去读、去了解其中思维细节的欲望。在思维故事的讲述时,本丛书也尽量使用浅显、生动的语言,让读者体会到它的重要性、可操作性和实用性;以通俗的语言,生动的故事,为我们深度解读思维训练的细节。最后,衷心希望本丛书能让孩子们在知识的世界里快乐地翱翔,帮助他们健康快乐地成长!

目　录

第一章　真实的谎言

怪诞无比的推理

第二章　靠科学指引推理

第三章　找出蛛丝马迹

怪诞无比的推理

第四章　天衣无缝找谜底

第一章　真实的谎言

报警电话

　　吃过午饭，斯科特警长正准备休息一会儿。昨天晚上，他在处理一个盗窃案，忙了一个通宵，再加上今天一个上午，现在好容易才歇下来。不一会儿，他靠在沙发上打起了呼噜。可是，电话好像存心和他作对，"丁零零"响了起来。

　　打电话的人焦急地说："是警察局吗？我是生物研究所的基米，我的同事戈里，说他的女朋友离开了他，不想活了，对我说了一句'永别了'，就挂了电话。"斯科特警长问道："那你怎么不去他家劝他啊？"基米说："我没去过他家，不知道地址，所以只好向警察局求助了！"

　　斯科特警长马上让基米赶到警察局，同时打开电脑，搜到了戈里的地址，然后和基米一起，赶到了戈里的家。

　　他们敲了几下门，里面没有反应，斯科特警长用力撞开门，冲进去一看，戈里吊在客厅的梁上，已经断了气。基米号啕大哭："我的好朋友啊，你为什么想不开呀，都怪我来晚了一步啊！"

　　斯科特警长戴上手套，开始检查现场。过了一会儿，他想打电话给法医，让他来检查尸体，可是四下看不到电话机。他就拿出一张纸，在

上面写下了法医的电话号码，交给基米说："基米先生，麻烦您帮我打个电话，让法医马上过来，要快！"

基米接过纸条，立即奔上二楼，走进卧室里去打电话。等到他打完电话下了楼，看到斯科特警长拿着手铐笑着说："基米先生，你这是自投罗网啊！"

斯科特警长为什么忽然发现基米就是凶手呢？

参考答案

基米说他没有去过戈里家里，可是他却熟悉电话机在哪里，说明他在说谎。

名侦探是猫

一个寒冷的冬夜，这些天来一直异常干燥。可是，这天夜里 9 点钟开始却下了一场小雪，小雪夹着雨，下了一个小时左右。正巧在这段时间里，在 A 市近郊发生了一场恶性交通肇事逃逸事件，一个醉汉驾着汽车撞了行人后驾车以最高时速逃离现场而去。

这个司机 30 分钟后返回市内家里，将车停进了院子里的车库内，车库只有一层尼龙板顶棚，地面是水泥，用水管冲洗了湿漉漉的轮胎，也消灭了车子出入的痕迹。幸亏车身没留下明显的痕迹，连车灯也没损坏，被雨淋的车身用干毛巾擦过，又把一个轮胎的气放掉。可是，在其逃离现场时目击者记下了他的车牌号码，警察马上找到了车主。

在晚上 11 点，刑警找到了逃跑罪犯的家，检查停放在车库里的汽车，并询问其案发时不在现场的证明。

"正如你所见，我的车子昨天就放炮了，今天一次也没开出去。所

以，逃跑的罪犯不是我，目击者一定是记错了车号。"罪犯表白着说。

车前盖上不知什么时候留下几处猫爪印儿，是猫带泥的爪印和卧睡的痕迹。

"你府上养猫了吗?"

"没有，这是邻居的猫，或是野猫吧。经常钻进我家院子里来，在车上跳上跳下地淘气。"

"的确，如果是那样，所说的这车子昨天就放炮了的说法是不能令人信服呀！你可以若无其事地说谎，可猫和汽车都是老实的。"当场刑警就揭穿了他的谎言。

参考答案

看到前箱盖上印着猫走过的泥爪印，刑警便揭穿了那家伙的谎言。

寒冷的冬季，猫所以喜欢爬到前箱盖上去，是因为那里暖和，罪犯抛下被撞的行人不管，逃回家中，将车存放在车库内。但是，那之后即使马达停转，但前箱内的热量不会马上散失掉。对于猫来说是很好的取暖设备。在逃离现场之前，如果猫上过前箱盖的话。因为前些天持续干燥天气，也不会留下泥爪印的。在逃离现场事件前后，下了雨，车库旁的院子地面是湿的。所以，猫才泥爪子爬上了车的前箱盖。

怪盗作案的秘密

在到处是树林的爱尔兰高原上，有一幢19世纪末建造的一位男爵的别墅。一天夜里，有个蒙面强盗潜入室内，把男爵夫妇用绳子捆绑起来关进厕所里，盗走了大量的珠宝。

负责侦破这个案件的是布莱克侦探。当他知道案发的前一天怪盗朗班在伦敦滞留的消息后，猜想一定是他作的案，便马上来到朗班下榻的伦敦饭店走访。

"朗班先生，上周六晚上去过爱尔兰高原的别墅吧！因为有人看见了，所以你想赖是赖不掉的。"布莱克说道。

"是的，是去过。有什么事吗？"

"那天夜里男爵的别墅进了一个蒙面强盗，抢走男爵夫人的珠宝后逃跑了。那个罪犯就是你吧？"

"胡说什么！事件到底是什么时候发生的？"朗班一本正经地反问道。

"罪犯盗走珠宝的时候，用绳子把男爵夫妇捆起来，不知为什么又把他们关进厕所里。事后男爵说是晚上9点零5分，他看了一眼卧室里的钟。"

"如果是晚上9点零5分，我有当时不在作案现场的证明，我不是强盗。那天夜里我是在S车站，无论如何10分钟是不够的。"

"噢！看来你对男爵的别墅很熟悉呀！"布朗克讽刺地说。

"去年赛马时应邀去住过一夜。"怪盗朗班强扮笑脸说。

男爵的别墅离S车站有相当远的一段路，再近的路步行也得30分钟。因此，从S车站乘坐21点16分发的夜班车如果属实，他不在作案现场的说法是成立的。

布莱克侦探已经去过S车站，让车站工作人员看过朗班的照片，证明他没有说谎。从S车站上车的旅客只有朗班一人，并且他也没有化妆，车站工作人员及列车员都清楚地记得他。

"可是，布莱克先生，10分钟之内是没有办法从别墅到S车站的。"郎班对布莱克侦探说。

"不，对于你这个诡计多端的人来说，你绝对不会乘别人的马车。男爵的别墅里倒是有个马棚，并且还有一匹马，马棚外面还有一辆自行车。"

"接下来你会说我使用了这两种工具的一种。如果那样，我就会把它扔到车站附近的什么地方。你找到那种工具了吗?"朗班理直气壮地反驳。

"不，男爵夫妇一个小时后挣脱了绳索，出厕所去查看四周情况时，看到马仍在马棚里，自行车也放在原处未动。可是，马棚的门从里面是推不开的，只有从外面推才能推开。所以，朗班先生，我已经清楚你搞的什么把戏。还是把偷去的珠宝老老实实地给我还回去，否则我要报警了。"布莱克威严地说。

请问，怪盗朗班用什么工具只花10分钟就逃到S车站呢?

怪诞无比的推理

参考答案

　　怪盗朗班从别墅上马飞奔到 S 车站，并在 S 车站附近下马，把马放开，自己奔向 S 车站乘上 21 点 16 分的夜班车，回到伦敦自己的住处。放在那儿没人管的马自己回到了马棚。因为马棚的门由外往里是可以推开的，所以马可以自己走进马棚。

满地碎玻璃

　　这天，一家工厂打电话报警，说厂里发生了盗窃案，放在财务办公室保险箱里的 10 万元现金不翼而飞了。

　　罗根和警察赶到了现场，只见办公室的玻璃窗被打碎了，室内满地都是碎玻璃，看样子小偷是从窗子跳进来作案的。

　　当晚值班的保安对警察说："小偷一定是后半夜作的案，因为我 12 点钟的时候，曾经到这个房间巡视过，当时门窗都好好的。"

　　警察追问道："你确定吗?"

　　保安点点头："当然，我还顺手拉上了窗帘呢。"

　　警察指了指地上的碎玻璃碴儿："可是地上的碎玻璃这么多，看起来当时小偷砸玻璃时用了很大的力气，难道你没有听见声音?"

　　"没有，"保安摇了摇头说，"厂房边上有条铁路，可能小偷是趁火车经过时把窗子砸破的。火车一来，什么都听不见了。"

　　一直站在旁边的罗根突然打了个响指，冲着保安说："不要狡辩了，你就是小偷!"

　　你知道罗根是如何做出判断的吗?

 **参考答案**

保安说他在玻璃打碎前拉上了窗帘，如果真的是那样，小偷打碎玻璃时，碎玻璃会被窗帘挡住，就不会落得满地都是了。所以罗根判断这个人在说谎。

县官断案

酒仙范大，醉酒后常常称自己杀过人。

这天，范大又喝多了酒。喝醉后对酒友说："昨天我把一个有钱的商人推到了深沟里，得了很多钱。"酒友信以为真，就把范大告到了官府。

这时，正好有一妇人来告状，说有人把她丈夫杀死扔到了深沟里，丈夫外出做生意赚的钱也都被人抢了。县令随妇人去验尸，尸体衣衫褴褛，没有头颅。于是县令说："你一人孤苦伶仃的怎么生活呢？一旦找到尸体的头颅，定案之后，你就可以再嫁了。"

第二天，与妇人同村的李三来报告说他找到了尸体的头颅。

这时，县令忽然指着妇人和李三说："你们两个就是罪犯，还敢诬陷范大？"

二人不服，待县令把证据摆出来之后，二人不得不承认勾结一起，谋害该妇人亲夫的事实。

请问：县令的证据是什么？

（右侧竖排）怪诞无比的推理

尸体在深沟里，怎么能确信是自己的丈夫呢？必定是先知道丈夫死在这儿了，而且衣服破烂，怎么能有那么多的钱呢？头颅在哪儿，李三为何如此熟悉？又这么着急地来报呢？必定是想与妇人早日成亲。

毒酒与美酒

战国时期，秦国实行商鞅变法，法度严明。秦孝公有一幕僚，号称天下第一智者，犯下过失，按律当斩。秦孝公惜才，想救他一命，但又不能破秦律。于是，他设计了一个特殊的行刑方式，希望智者能运用自己的智慧来拯救自己的生命。刑场上站着两个武士，手中各拿着一瓶酒。秦孝公告诉智者：第一，这两瓶外观上看不出区别的酒，一瓶是美酒，另一瓶是毒酒；第二，两个武士有问必答，但一个只说真话，另一个只说假话，并且从外表上无法断定谁说真话、谁说假话；第三，两个武士彼此间都互知底细，即互相之间都知道谁说真话或假话，谁拿毒酒或美酒。现在只允许智者向两个武士中的任意一人提一个问题，然后根据得到的回答，判定哪瓶是美酒并把它一饮而尽。智者略一思考，提出了一个巧妙的问题，并喝下了美酒。结果，他被免于一死。

如果你是智者，你将如何设计问题，并找出美酒呢？

智者可以向两个武士中的任意一个提问，不妨向武士甲提出如下这个问题：

"请告诉我，武士乙将如何回答他手里拿的是美酒还是毒酒这个问题？"

如果甲说，乙回答他手里拿的是毒酒，则事实上乙手里拿的肯定是美酒。因为如果甲说真话，则事实上，乙确实回答他手里拿的是毒酒；又因为这种情况下，乙说假话，所以事实上，乙拿的是美酒。如果甲说假话，则事实上乙回答的是他手里拿的是美酒；又因为这种情况下，乙说真话，所以事实上，乙拿的是美酒。也就是说，不管甲乙两人谁说真话谁说假话，只要智者得到的回答是乙手里拿的是毒酒，则事实上乙手里拿的肯定是美酒。

同理，如果甲说，乙回答他手里拿的美酒，则事实上乙手里的肯定是毒酒。

智者设计的这个问题，妙就妙在他并不需要知道两个武士谁说真话谁说假话，就能确定得到的一定是个假答案。因为如果甲说真话，乙说假话，则情况就是甲把一句假话真实地告诉智者，智者听到的是一句假话；如果甲说假话，乙说真话，则甲就把一句真话变成假话告诉智者，智者听到的还是一句假话。总之，智者听到的总是一句假话。

公园的枪声

福伦驾驶着警车，正在一个公园附近巡逻。这一天的天气真好，又是星期天。一大早，孩子们就牵着大人们的手，蹦蹦跳跳地跑到公园后，就放开大人的手，欢呼着往儿童乐园跑去。头发银白的老人们，相互搀扶着，一边唠叨着什么，一边慢吞吞地走到树林边，尽情地呼吸。

银行家金斯基刚刚退休，他不用再像以前那样，早上一睁开眼睛就忙碌到天黑。现在他每天起床的第一件事，就是到公园里散步，反正公园离家不远，只有5分钟路程。

公园门口，两辆轿车撞在一起，福伦警长把警车停住，准备跑过去处理，这时，公园里传来一声枪响，又传来了人们的惊叫声："不好啦！有人被杀了！"福伦警长一听转身往公园里奔去。他来到现场，只见金斯基头部中了两枪，倒在地上死了。福伦警长询问旁边的游人，很多人都说，是听到枪响后才赶过来的，没有看到谁开的枪。

这时，有个人拉住福伦警长，轻声说："我叫约尼尔，是公园里的清洁工，我有重要线索向您报告。"

约尼尔说："我刚才在河的对面扫地，远远地看见这里有个陌生人，在和金斯基说话。他的声音很轻，金斯基的声音很响。转身的时候，就听到了枪响。"福伦警长问："你听到他们说了些什么吗？"约尼尔说："距离这么远，我怎么可能听得见呢？"福伦警长听了以后说：

"我怀疑你就是凶手！"

福伦警长凭什么怀疑约尼尔就是凶手呢？

参考答案

约尼尔说的话自相矛盾，他说听不见河对面二人说些什么，那么他怎么可能听到说话的声音轻和重呢？

侄女是凶手

鹿特丹市的一家旅馆里发生了一起凶杀案。那天上午，旅馆服务员到 203 房间打扫卫生，可是按了很长时间门铃，里面一直没有动静。她只好开门进去，发现一位老人倒在床上，胸口插着一把尖刀，已经断气了。服务员惊叫起来，马上叫来了经理，经理赶快打电话报警。

荷兰警方通过调查，知道老人名叫温尼特，是从纽约来旅游的，曾经有个女子陪他一起来，后来这名女子就失踪了。到底是谁杀害了老人呢？警方一时查不出结果，就把案情通知了纽约警察局。纽约警察局查看了温尼特的档案，发现他没有子女，唯一的亲人是侄女海莉。海莉开了一家服装店，她是温尼特财产的唯一继承人。

肖恩探长来到海莉的服装店，出示了证件，然后问她："您是不是有一个叫温尼特的叔叔？"海莉好像很吃惊，反问说："您怎么知道的？"肖恩探长说："我们刚刚接到报告，温尼特在国外不幸病故了。"海莉一听，伤心地哭起来："天哪，我的好叔叔啊，你怎么就离开我了啊！"

等海莉哭够了，肖恩探长又问她："您的叔叔到外国去旅游，您事先知道吗？"海莉擦了擦眼泪，摇摇头说："我一点儿也不知道，叔叔

— 11 —

他一直住在纽约，为什么要到鹿特丹去呢？平时我经常去看望他，最近因为生意忙，有一个星期没有去看他了，没想到竟然……"海莉说着说着，又要哭起来。

肖恩探长打断了她的话，严厉地说："别再演戏了，我怀疑是你害死了他！"

肖恩探长听了海莉的哪句话以后，怀疑她就是凶手呢？

肖恩探长没有说过温尼特死在哪个城市，海莉先是说她不知道叔叔出国，后来又说他到鹿特丹去了，说明她在撒谎，她为了得到财产，杀害了叔叔。

下雪天的凶杀案

下了整整一天的大雪，地上的雪积得厚厚的。到了傍晚的时候，大雪才停止。大田警长刚刚吃过晚饭，就接到报警电话，报警的人是中村教授，他紧张地说："警长先生，我、我的学生贞子……被人杀害了！"警长问："你在哪里？"中村教授说："就在贞子的房间里，国立大学学生公寓 203 房间……"

大田警长驾驶警车，往国立大学赶去。因为路上的积雪很厚，他只能小心翼翼地开车。过了 20 分钟，他来到学生公寓，敲了敲 203 房间的门，中村教授马上开了门。大田警长走了进去，戴上手套，仔细检查现场。他发现贞子是被人掐死的，已经死亡一个小时。

中村教授很瘦小，但是说话的声音很响亮。他告诉警长说："贞子是我的学生，今天下课以后，她到办公室来找我，说她有一篇毕业论文，想让我给修改一下。我和她约好，晚上 7 点钟到我家里来。她说，她宿舍里的同学今天晚上都出去了，她一个人在那里有些害怕，让我还是到她宿舍去，我答应了。吃过晚饭，我来到她的宿舍，敲门敲了很久，没有人来开门，我轻轻地推了下，发现门没有锁，进去以后，就看到贞子躺在地上，已经停止了呼吸，我马上报了警。"

大田警长走到门外，发现门口的雪地上，除了他的脚印以外，还有两串脚印，一串是浅浅的女鞋脚印，是贞子的，还有一串很深的脚印，那是教授皮鞋留下的。那么凶手的脚印又在哪里呢？大田警长看了看瘦小的教授，马上明白凶手是谁了。

你认为凶手的脚印到底在哪里呢？

 **参考答案**

凶手的脚印就是教授留下的脚印。教授很瘦小，但是脚印却是很深很深，实际上，是教授把贞子叫到家里，杀害了她以后，背着她到公寓里，然后打电话报警。

监狱里的两姐妹

关押在"丛林"监狱里的囚犯，罪行大都比较轻微。嘉利与珍妮姐妹俩，一个因为偷窃超级市场的货物而被捕，一个则因为吸毒而被拘留，二人凑巧关在同一间牢房里。在愚人节这一天，姐妹俩约定：姐姐嘉利在上午说真话，下午说假话；妹妹珍妮在上午说假话，下午说真话。

嘉利与珍妮姐妹俩外貌酷似，只是高矮略有差别，简直分不清谁是姐姐、谁是妹妹。所以，当监狱的看守进牢房提审嘉利时，他也被弄糊

涂了。但是他知道在这一天姐妹俩的约定。

他问道："你们俩哪个是嘉利？""是我！"稍高的一个回答说。"是我！"稍矮的一个也这样回答。看管更加糊涂了。考虑了一会儿以后，他提出了一个问题："现在是几点钟呢？"稍高的一个回答说："快到正午 12 点了。"稍矮的一个回答说："12 点已经过了。"根据两人的答话，聪明的看守马上就推断出了哪个是嘉利。

请问：看守到牢房去是在上午，还是在下午？个子稍高的那个是嘉利，还是珍妮？

参考答案

当时是上午，个子稍高的是姐姐嘉利。我们可以用假设法来解

此题。

设：当时是下午。

假如当时是下午，那么嘉利是说假话的，珍妮是说真话的，因此当看守问"你们当中哪个是嘉利"时，无论稍高的还是稍矮的都会说"不是我"，而她们俩却都说"是我"。可见当时不是下午，而是上午。

既然当时是上午，那么"快到中午了"这句答话是真话，也即稍高的一个是说了真话；而上午已经过去了，则是一句假话，也即稍矮的一个说的是假话。由于已知在上午说真话的是嘉利，说假话的是珍妮，所以稍高的一个是嘉利，稍矮的一个是珍妮。

枪柄是如何杀人的

早晨，送早餐的女仆发现议员查理士先生的妻子梦露沙夫人被杀害了。梦露沙夫人身穿睡衣，倒在卧室地板上，头部血肉模糊，已经没有了呼吸。

女仆吓得当场就晕了过去，管家随即报了警。因为涉及议员，当地警局非常重视，他们派出了最精干的警探，还特地邀请马可侦探前来协助调查。

马可到达现场的时候，初步调查已经告一段落。经法医鉴定，梦露沙夫人是被钝器狠狠敲击后脑，导致颅脑损伤而死，死亡时间大约是晚上11点到12点之间。

凶手没有在现场留下任何痕迹，没有指纹、没有脚印、没有目击者，好像是一起古堡幽灵式的恐怖事件，而不是某个人精心策划的谋杀案。

马可仔细侦查了现场，发现在窗下有一把手枪，经过检验，手枪枪柄上有受害者的血迹，看来它就是杀死梦露沙夫人的凶器。可是，现在

事情越发变得奇怪：既然凶手有手枪，为什么把它拿来当锤子用呢？这是完全没有道理的。

"天哪，我亲爱的梦露沙！"刚从外面回来的查理士先生一脸悲伤。他告诉马可，他昨天整夜都在伦敦参加一个讨论会。接着，他紧紧拉住马可的手说："我愿意悬赏 10 万英镑抓住那个残忍的凶手，请你一定要帮我！"

马可安慰了查理士，然后和警探们开始讨论案情。由于线索太少，能够圈出的嫌疑人仅限于仆人和管家。但都一一排除了。最后，大家全用期待的眼光看着马可，等待这位大侦探发表评论。

马可反复思考关于手枪的问题："为什么一个凶手有手枪不用，却要把手枪当锤子来用呢？这不是非常愚钝吗？那究竟是什么原因呢？"

马可忽然想到了什么，他大声对警员说："我知道凶手是谁了！"

参考答案

凶手害怕弄出声响被人发现，至于不惜把手枪当锤子用，这说明他一定是梦露沙夫人熟识的人；从梦露沙夫人的装扮也可以看出能穿睡衣会见的客人并不多，仆人没有报告有客人到访，说明凶手可以自由出入。作为丈夫的查理士先生一进门，就宣布捉拿凶手，又极不合情理，因为当时他对案情还一无所知，这样快地表态，说明即使他不是凶手，也一定是雇佣凶手的人。

黑屋子的秘密

半夜，正在熟睡的私人侦探杰克突然被一阵敲门声惊醒。开门一看，敲门者是住在楼下的哈里教授的外甥希尔。

只见他十分不安地对杰克说："今天哈里约我晚上到他家里，我路上有事耽搁了时间，我喊哈里没人应，不知哈里家里发生了什么事，我又不敢进去，所以请您去看看。"杰克立即穿上外衣和希尔出了门。

希尔对杰克说："最近，我舅舅的一项发明成功了，得了不少奖金，有人很眼红，我担心他会为此出事。"

正说着，他们来到了哈里家门口。杰克推开门，伸手摸墙上灯的开关，灯却不亮。希尔说："里面还有盏灯，我去开。"说着，走进了漆黑的屋子，不一会灯亮了。他们发现教授躺在离门口一米远的过道上。希尔低低地叫了声："天哪！"赶紧跨过尸体，回到杰克身边。

杰克立刻检查尸体，发现教授已经断气。屋角的保险柜却打开着，里面已空无一物。希尔惊恐地说："这会是谁干的呢？"

杰克冷笑了一声说道："别演戏了，希尔先生，凶手就是你！"

那么，杰克是如何断定希尔就是凶手的呢？

参考答案

希尔进去开灯，尸体横在门口，他却没有被绊倒，说明他早已知道那里有具尸体。

杀人碎尸的凶手

一个冬季的晚上，几个青年人看完电影骑车回家，看到一个30多岁的男子慌慌张张地将一个白包扔到公路桥西侧的河里，就骑上车飞驰而去。

这几个青年人觉得奇怪，又有些好奇，于是在公路桥边停下车，将那个白包从河里捞了上来，打开一看，几个人都吓了一跳，里面竟然是大小不一的肉块。他们马上将包送到了公安局，经检验，包内装的都是人肉，这说明发生了一起碎尸案！

第二天清晨，在其他地方也有人拾到一个包，经检验里面装的也是人肉。后经技术部门鉴定，两个包内的人肉系同一个被害人。这个人30岁左右，女性，已婚。被害人到底是谁呢？公安人员对发现碎尸的地区做了广泛的调查，并通知了全市的居委会。

接到公安局的通知后，居委会李主任和治保主任杨大姐吃过晚饭，开始挨家挨户摸底，当她们来到友谊路冯某家时，二人透过严严实实的窗帘发现屋里亮着暗淡的灯光，她们心想，刚吃过晚饭，冯家怎么就睡觉了呢？于是，她们轻轻叩了一下门，问："屋里有人吗？"

"谁，有什么事？"过了一会儿，门开了一条缝，冯某探头问。

"你爱人在吗？"二人边问边挤进了屋，发现屋里晾满了刚洗过的衣服。

"去娘家了。"冯某心不在焉地回答。

"什么时候去的？"杨大姐追问了一句。

"昨天。"冯某的声音微弱得几乎使人听不清他的话，他好像急着打发两位大姐早一点离开。

杨大姐觉得冯某平时并不是这样的，今天好像有点怪怪的，联想到屋内晾着这么多衣服，于是，她又问了一句："是今天去的吗？"

"是啊，今天去的。"冯某含糊地回答。

杨大姐越来越感到可疑，故意又问了一句："你爱人上班还没有回家？"

"是的，还没有回来。"冯某显然有点前言不搭后语。

听了冯某的回答，两位老大姐断定冯某有问题，出了冯某家门，她们直奔派出所。派出所马上派人到冯某爱人的娘家和她的工作单位查找，结果查明，冯某的爱人既没有回娘家，也不在单位，而且单位同事反映，她已经两天没来上班了。公安人员了解到，抛碎尸的人与冯某的体貌特征非常相似，于是确定冯某有重大嫌疑。第二天公安局拘留了冯某。同时，对他屋内晾着的衣服做了技术鉴定，发现衣服上留有与尸块相同血型的血迹；此外，在屋内的地板上也发现了同样的血迹。在铁证面前，冯某终于承认了自己的罪行，供认了杀害妻子的原因：由于他在单位贪污了一大笔公款，怕妻子揭发，于是杀人灭口。

居委会李主任和治保主任杨大姐根据什么断定冯某有嫌疑的呢？

参考答案

两位老大姐在询问冯某时，冯某一会儿说妻子昨天去了娘家，一会儿又说今天去的娘家，后来又是说去上班还没有回来，他的回答前后矛盾，显然是有假，而有假的回答一定是为了掩盖某种目的。再加上屋里晾的那么多衣服，又客观上为两位大姐对他的怀疑增加了依据。

老警察和狗

老赵是一位有着 20 年警龄的老警察。一天夜里，他路过一座老板的豪华住宅时，在路灯下见到一个西装革履的小青年，手里拎着一个大提包，正从大门里行色匆匆地走了出来。小青年见到了穿着警察制服的老赵，不由得一怔，便加快了脚步，想从他身边走过去。

老赵对这一带居住的人十分熟悉，他见这个小青年面孔很陌生，凭着直觉，便喊了一声："你，站住！"

那个青年停下了脚步，说道："什么事情？"老赵上下打量了一下，发现这个小青年故作镇静，可眼神却飘忽不定，就不由得起了疑心：这么晚了，他干什么去了？

小青年马上又补充了一句："我就住在这里，公司里有事，回来取

怪诞无比的推理

东西。"说完又要走开。

老赵侧耳向住宅里听了听，心中更加怀疑了：外面这样大声说话里面一点动静没有，这说明住宅里根本没人。于是他又上下打量了一下小青年，说："请你跟我走一趟。"

小青年急了："我从家里取点东西，难道也犯法吗?"话音刚落，从院子里跑出来一条很漂亮的卷毛小狗，冲着这个小青年直摇尾巴。小青年摸着小狗的头说："你看，这是我家的小母狗，名叫'公主'。"

老赵这下没有理由再怀疑了，连小狗都对他这么亲热，看样子大概自己真的错了，于是说："对不起，请你走吧。"

恰在这时，小狗突然跑到一边的小树旁，抬起一条后腿，撒了一泡尿。老赵见了，马上伸手抓住这个小青年说："错不了，你一定是个小偷。"

为什么老赵断定这个小青年是小偷呢？

参考答案

狗撒尿的习惯有公母之分，只有公狗才会抬起后腿。小青年说这只小公狗是他家的小母狗"公主"，恰好暴露了自己小偷的身份。

怪诞无比的推理

第二章 靠科学指引推理

甜言蜜语的骗局

赫尔小姐开着两用车到达阿尔巴尼时，夜幕已经降临了。这里距她要去的地方还有50英里，她想还是再核对一下旅行路线为好，于是下车走进路旁的一家酒店。

两杯酒下肚，疲倦的身体便感到十分舒适，当赫尔小姐再抬起头时，发现一名英俊的小伙子坐在对面痴痴地看着她。

小伙子说他叫哈林顿，听起来真是一个漂亮的名字。他说多少次做梦都梦见和赫尔小姐一模一样的人，今天总算遇上了。赫尔小姐听了很高兴，大概所有的女人都爱听这种罗曼蒂克的话。他们端起酒杯共饮起来。

小伙子听说赫尔小姐要到阿尔巴尼，而且道路不熟，就告诫赫尔小姐说这地方很不安全，有一个叫巴比伦的坏蛋经常在这路上抢劫。后来他自告奋勇地表示要做她的保镖，把她送到想去的地方。

他们行驶只有5英里，一辆汽车强烈的前灯光从后面射来。

哈林顿转身去看，突然大叫："是巴比伦，大胡子巴比伦，我认识他，他会杀死我们的！"

哈林顿要赫尔小姐拐进黝黑的小路躲一躲。道路很黑，赫尔小姐又不熟，但是她决定仍旧沿着这条大道往前开。后面的车很快超过他们继续往前行驶了。哈林顿又吓唬说，一定是巴比伦准备在前面拦劫他们。

这时赫尔小姐识破了哈林顿的诡计，他想把她带入歧途再对付她。当赫尔小姐指出他的阴谋时，闹剧结束了。

赫尔小姐一个人驾车疾驶而去，虽然感到晦气，却不无初次成功的快意：她能够警惕漂亮脸蛋背后的狡诈了。

请问，赫尔小姐根据什么确定自己在遭暗算？

参考答案

当后面汽车强烈的灯光射来时，是看不清坐在后面汽车里的人的。哈林顿说他看见了盗贼巴比伦，完全是别有用心。

茫茫草原的烈火

有一天，一群游客正迎着大风在内蒙古多伦大草原上行走。突然，有人发现前方不远处浓烟滚滚。

"不好！大草原失火了！"风助火威，大火迅速向他们逼近。大家拼命掉头往回跑，但是大火跑得可比他们快。人的体力毕竟有限，火与人的距离越来越近，而前面还是一片茫茫见不到头的草原。惊慌、绝望，人们再也跑不动了，纷纷跌倒在干草地上。

正在万分危急之时，一个老猎人赶来了，他看了一下火势，果断地说："听我指挥！马上动手拔掉面前的一片干草，清出两丈见方的地方。"大家怀着生还的希望，不一会儿就清出了一块不大的空地。老猎人让大家集中在空地的一边。

一会儿，人们就被高墙似的大火包围了。

这时，只见老猎人不慌不忙地把一束烧着的干草扔到迎着大火那面的干草丛里，然后走到空地中央，对大家说："现在你们可以看看火怎么跟火作战了。奇怪的事发生了，老猎人放的火并没有向人们烧来，反而迎着风，向大火方向烧去，这两股火相遇，打架了。人们面前的空地越来越大，几分钟后，大火绕过这块空地，向前面奔去了。人们得救了，大家围着老猎人激动得眼泪直流。

试问，放的火怎么会顶风扑向大火呢？你能说说是什么道理吗？

这是由于在火海的上空，空气因受热变轻迅速上升，而附近还没有起火处的上空的空气较冷，于是就会朝大火方向流去，以填补那里较少的空气，这就形成了一股与风向相反的气流，因此就发生了一场火战。

南极探险队

有一年，日本的南极探险队准备在南极过冬，他们用船从日本运来了汽油，准备用输油管道将这些汽油送到设在南极的基地里。可是，由于事先计划不充分，他们在实际操作中发现，从日本带来的输油管道总长度不够，根本无法从船上连接到基地，在南极也没有备用管子，如果现在再回日本运，时间最快也要两个多月。这可怎么办呢？这个问题真把人难住了，大家一时也想不出什么好办法来。队长向国内请示，并准备返航。

有一名队员喝水的时候，无意中把水泼洒在一张卷成筒状的报纸上，在南极那样超低温的条件下，自然很快就结成了冰。另一名队员恰好拿起了这张报纸，发现他非常坚硬而且光滑。

这位队员突然灵机一动，找到探险队队长说："我有办法找到备用的输油管了。"

什么办法？

怪诞无比的推理

参考答案

可以利用南极的低温，自己制作输油管道。将报纸都卷成筒状，然后再上面淋上水，让它结成冰，这样就成了现成的管子。然后把它们连接起来，在接缝处再淋上水冻实了，想要连接多长就可以有多长。报纸淋水后，虽然能做成冰筒子，但毕竟比较脆弱，再说输油管道太长了，管内的压强肯定很大，这种管子根本承受不了。可以把绷带缠在铁管子外面，然后再淋上水制成冰管。这样，绷带可以起到"钢筋"的作用，管道的压强承受力也就增强了。他们按照这个方法制成了冰冻的输油管道，果然成功地完成了输油任务。

飞机上的陷阱

飞机起飞30分钟后，两名男子冲进后舱配餐室，端着手枪对着空姐，要她接通机长的机内电话。罪犯中的一个从她手中抢过电话："是机长吗？你好好听着！这架飞机被我们劫持了，空姐是人质。下面请按我的命令行事，首先让全体乘客都系上安全带。"

"明白，你们的目的是什么？"机长应答着。"这个以后告诉你，快点儿指示系安全带！"罪犯随即挂断了电话。机舱里马上出现了系好安全带的信号。客舱中嘈杂声四起，但均按指示开始系安全带。"你们，也都坐到空着的座位上系上安全带！"罪犯命令着乘务员，又抓起电话与机长通话："现在我要到你那里去，把驾驶舱的门给我打开。不要做什么蠢事，这里我的同伴正把乘客作为人质。""知道了。你来吧，我们谈谈。"

两名罪犯端着手枪出现在客舱。一边缓步穿过过道，一边确认乘客是否都系上安全带。其中，一人站在过道中央大声地演讲："诸位，飞机被我们劫持了，不打算伤害诸位，到达目的后释放女人和孩子……"但是这种有滋有味的演讲未能进行完。数秒钟后，事态为之一变，事件很快落下了帷幕，两名劫机犯丝毫没做抵抗就被乘客制服了。

这是为什么？

正在劫机犯讲演时，机长操纵机体突然下落了大约 50 米，紧接着又上升了 30 米左右，造成"空中陷阱"现象。由于两名劫机犯站在过道上没系安全带，所以头重重地撞到了机舱顶篷，倒下休克了。乘客和乘务员们都系着安全带，所以平安无事。空中陷阱也称作"紊流"，指空中因气流下降等原因使飞机突然下落的现象。

树叶上残留的血迹

一天，北京一家工厂的电话接线员王玉萍摔死在工厂的电话室楼下，民警王伟接到报案后，立即带领助手袁明赶到了现场。二人到现场一看，只见二层总机值班室的窗户大开，死者显然是从楼上摔下来的，手中还抓着一条湿抹布。二人来到楼上一查，发现电话总机值班室的暗锁和插销都完好无损。二人又来到楼下，只见越来越多的围观者都在低声议论着，一些人还大声地说死者一定是在上面擦洗窗户时不慎失足掉下来摔死的。

难道王玉萍真的是摔死的吗？王伟开始细细地勘察现场。

王伟先查看了楼上办公室的门，接着又来到楼下，很快，在一楼外阳台上发现了一片树叶，这片树叶引起了他的注意。他轻轻地把树叶拿起，仔细地观察，发现树叶上有一小块红点，他判断这个红点一定是血迹。

这时，助手袁明走了过来，对他说道："老王，与死者熟悉的人向我反映，近几日根本没有发现死者情绪有什么反常，所以，我想可以排除自杀的可能性。另外，大家还反映，死者生前作风正派，群众关系非

常好，所以，他杀的可能性也不大。"

"小袁，你的调查和分析都有道理，但是，我告诉你，我发现了一个非常重要的证据，我估计可以证明死者是被谋杀的。"

说完，王伟便把那片带有血迹的树叶拿到袁明面前。他让袁明看了一下后，便对袁明说道："我们现在分头行动，你去调查死者王玉萍的家庭情况，我去局里对树叶的血迹和死者的血型进行化验，看看它们是否吻合。"

二人马上开始了行动。仅仅一天工夫，先是袁明的调查结果出来了：原来王玉萍与丈夫的关系不好，她的丈夫一直在找借口要求与她离婚，可王玉萍始终不同意，所以，她的丈夫有作案动机。之后，王伟的化验结果也出来了，化验结果证明，树叶上的血迹与死者血迹完全吻合。两项调查一综合，王伟认定，死者的丈夫嫌疑最大。于是，他果断地将死者的丈夫刘文带到了派出所。经过审问，刘文交代了犯罪事实：那天晚上，刘文趁王玉萍一人值班之时，悄悄地进入电话室，趁妻子不备，将王玉萍杀死。然后伪造了因擦玻璃不慎失足落地而死的现场。可他万万没想到，尽管他竭尽全力清理了现场，但还是被王伟从一片树叶上的血迹发现了证据。

参考答案

一楼外窗台上那片树叶上的一滴血迹，说明死者在摔到地面上以前已经负伤或死亡，是在从二楼下坠过程中，死者的血洒在一楼外窗台上的树叶上，因此是他杀。如果是不慎失足坠到地面上以后出血的，那么血就不会落到上面的窗台上了。

音乐家之死

　　瑞典首都斯德哥尔摩是炸药发明家诺贝尔的出生地。一天，在其市内发生了一起奇怪的爆炸事件。一个单身的音乐家刚从外面回到家里，在二楼房间里练习小号时，突然室内发生爆炸，音乐家当即死亡。

　　警察勘查现场时发现窗户玻璃杯碎片里还掺杂着一些薄薄的玻璃杯碎片，可能是乐谱架旁边的桌上装着火药的一个玻璃杯发生了爆炸。奇

怪的是室内并没有火源，也找不到定时引爆装置的碎片。如果不是定时炸弹，为什么定时引爆得那么准确呢？真不可思议！根据邻居的证言，爆炸前死者是在用小号练习吹高音曲调。

于是，警察马上就识破了罪犯的手段，真不愧是炸药大王诺贝尔故乡的警察呀！

那么，请问你知道是如何引爆的吗？

参考答案

罪犯趁被害人外出家里没人时，悄悄地溜进屋里，往火药里掺上氨溶液和碘的混合物。如果在氨溶液里掺入碘，在湿着的状态时是安全无害的。但一干燥，其敏感度甚于 TNT 炸药，哪怕是高音量的振动也会引起爆炸。所以，被害人在用小号吹奏高音曲调的一刹那，其声波振动引爆了烧杯里的氨碘混合物。

甜红薯和苦红薯

宋朝时，靠山村只有两户农民，一户姓李，另一户姓王。他们和睦相处，分耕一块地，过着太平日子。

忽然有这么一天，两家因为地界发生了争执。原来，今年他们的地里都种的是红薯，以致分不清地界了。

"我记得，日头正午时，树梢的影子正指在地界上。"姓李的站在树影旁气呼呼地说。

"这我倒没留意。可是，去年我种的是玉米，你种的是烟。这玉米茬子在玉米地里才能有，你总还能认出这是玉米茬吧！"姓王的毫不示弱地把玉米茬子摔在了姓李的脚下，讥讽地反问道。

"这不足为凭。你瞧，我也可以从那边的地里找出烟茬来。"姓李的说完，几步跨过去，弯腰在地里扒拉一阵，果然找到了一个烟茬。

"你不要撕破脸皮忘记旧情！"

"你也不要忘恩负义坑害朋友！"

就这样，李家和王家的矛盾越闹越大，最后一同来到了官府，找清正廉明、断案如神的包公评理。

公堂上，包公审理了此案。经过询问，包公发现，李家和王家都拿不出可靠的证据。怎样才能把这个民事案件处理得公平呢？包公考虑了片刻问道："过去你们为何能分清地界呢？"

姓李的和姓王的几乎同时答道："我们过去从没种过一样的东西。"

"没种过一样的东西？"听了这话，包公眼睛一亮，问姓李的："去年你地里种的是什么？"

"我去年种的是烟。"

包公又转向向姓王的问道："去年你地里种的是何物？"

"我种的是玉米。"

"噢，这就好办了。"包公立即让他们带路，说要亲自去地里判明地界。

姓李的和姓王的莫名其妙地跟包公来到了地头。包公让人从李王两家有争议的五条垄里各挖出一个红薯放在垄头，然后说："你们依照顺序把这五个红薯分别洗净尝一尝，自然就清楚了，我希望你们今后还要互相谅解，友情为重！"

包公说完，打道回府了。姓李的和姓王的按照包公的话一做，果然分出了地界，从此两家言归于好了。

这到底是怎么回事呢？

怪诞无比的推理

参考答案

包公依照种地的知识进行了逻辑推理，得出了结论：地里第一年种烟，第二年种红薯，红薯就是苦的；地里第一年种玉米，第二年种红薯，红薯就是甜的。所以姓李的和姓王的尝完红薯自然就分清了地界。

晚宴上是如何杀人的

在美国，家庭宴会盛行。今晚，在史密斯家中举行的晚宴此时已进入高潮。

在宾客当中，最受青睐的是青年影星麦克尔。他被女人们围在中间，神采飞扬，尽管平日有些酒量，但由于连连干杯，所以几杯威士忌下肚后也有了几分醉意。

主人史密斯厌恶地望着得意洋洋的麦克尔，用叉子叉上一个蘸了调味汁的大虾走上前去。

"麦克尔，今晚你的领带真漂亮啊，又是哪个相好的送的礼物吧！"

他一边讥讽着，一边若无其事地晃动着手中的叉子，黑红的调味汁溅了麦克尔一领带，雪白的丝绸料上顿时污迹斑斑。

"哎呀，真对不起，对不起！"

"不，没什么，这种领带一条两条的算不了什么……"麦克尔毫不介意，取出手帕欲将上面的污迹擦掉。

这时，史密斯夫人走了过来。

"要是用手帕擦会留下痕迹的呀，洗脸间里有洗洁剂，我去给你洗洗。"

"不用了，夫人，没关系，我自己去洗，夫人还是应酬其他客人去吧!"

因有史密斯在场，麦克尔假装客气一番，然后迅速朝洗脸间走去。

洗洁剂就在洗脸间的架子上放着，他将液体倒在领带上擦拭污迹，擦掉后立即回到宴会席上，边喝着威士忌，边与人谈笑风生。

突然，他身子晃了一晃便倒下了，威士忌的杯子也从手中滑到地上摔碎了。

宴会厅里举座哗然。急救车立即赶来，将麦克尔送往医院，但为时已晚。死因诊断为酒精中毒。

然而，只有一个人暗地里幸灾乐祸，他就是史密斯，就是他得知自己的妻子与麦克尔有私情，才以此进行报复的。

那么，他究竟用什么手段杀了麦克尔呢?

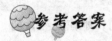 参考答案

洗洁剂中含有一种无色味香的四氯化碳。麦克尔用这种洗洁剂擦拭领带上的污迹时，吸入了足量的四氯化碳有毒气体，尤其是饮酒过度时，一旦吸入，就会招致死亡，其死因不留明显的证据，所以，往往被误作酒精中毒死亡。史密斯为了让麦克尔吸入这种气体，故意在他领带上溅了许多调味汁。

到底谁是凶手

电话铃响时，电视演员浅井美代子正在镜台前化妆。她伸手拿起听筒。

"我跟你说的钱准备好了吗?"

一听见那男人的声音，美代子不禁打了个寒战。

"嗯……啊……正在设法……"

"那么，今天交货吧。"

"在哪里？"

"光丘车站附近，有栋光丘公寓，请到那所公寓的 508 号房间来。"

"什么时候来好呢？"

"你什么时候方便？"

"是呀，下午 1 点钟怎么样？"

"OK，我等你。"对方发出刺耳的笑声，把电话挂断。

美代子一动不动地待着，连听筒都忘了放。她考虑了一阵，狠下决心，从镜台的抽屉里拿出一粒胶囊。

"把钱给他，换回自己病历本的副本，但是，他肯定复印了许多份，只有下狠心，悄悄用这毒药……不知有无合适的机会……"

美代子凝视着胶囊中的粉末，这是氰化钾，数天前，她住在经营药房的姐姐和姐夫家中的时候，从剧毒药架上悄悄偷来的。

两年前，美代子曾受到电视台导演的诱惑，怀孕后做了流产手术，不知刚才的敲诈者用什么手段把她住院时的病历卡搞到手，用其影印件来敲诈她。

电话铃响时，职业网球运动员友田孝一郎正在厕所里，一听见铃响，他慌忙从厕所里跑出来，立即拿起听筒。

"我说的钱准备好了吗？"

一听见那男人的声音，友田一下子挺直了身体。

"啊，正在设法……"

"那么，今天把钱交给我吧。"

"在什么地方？"

"光丘车站附近，有栋光丘公寓，在那所公寓的 508 号房间。"

"什么时候？"

"下午 2 点吧，那么，恭候光临了。"

对方发出讨厌的笑声挂断电话。

友田孝一郎紧握着听筒思考良久，他打定主意后，从桌子抽屉里拿出一个小药瓶。瓶子里装着氰化钾，这是友田昨晚在妻子家开设的电镀工厂剧毒柜中偷偷取出来的。瓶盖上密封着玻璃纸。

一天早上发生的事故，让友田担惊受怕，打了一夜麻将，在回来的路上，他的车把送报纸的中学生撞倒。清晨，天刚发白，幸而无人看见，友田丢下被撞的学生，开足马力逃跑了。但是，不知敲诈者在哪里看见，并拍下现场照片，以此敲诈他。

电话铃响时，纯情派歌手加藤真由美正在厨房里独自吃早餐，虽然时间已经不早了。

"给你说的钱准备好了吗?"一听到那个男人的声音，真由美全身战栗了一下。

"这个……嗯……"

"今天把钱交给我。"

"在哪儿?"

"光丘车站附近，有栋光丘公寓，请到那所公寓的 508 号房间来。"

"这个……今天约好驾车出去游玩，所以……"

"喂，你觉得游玩兜风和与我的交易，哪个更重要? 总之，下午 1 点到 3 点之间，随时都可以来，我等着。"

对方威吓着挂断电话。

真由美握着听筒，呆呆地想了一阵，心一横，从柜子的抽屉里拿出一个手帕包着的纸包，纸包里有大约半勺氰化钾。

这是两年前她那从事文学的表哥自杀时残留的氰化钾。真由美对这位表哥怀有爱慕之心。她充满伤感，将这包氰化钾作为遗物保留下来。

"只要取回副本，就用这包药最后解决问题吧，难以应付今后一次又一次的敲诈呀! 不知道自己是否有胆量……"

高中时的偷盗行为，使她悔恨莫及。放暑假时，她到百货公司买东

怪诞无比的推理

西，忽然像着了魔似的，偷盗香水和化妆品，结果被发现，受了一通教育。不知这个敲诈犯是怎么把那时的警察案件记录弄到手的，复制了副本来敲诈她。

翌日（8月5日）的朝刊，刊登了一则消息："采访记者渡边弘一死在××区××街光丘公寓508号房间。"

死者被这所公寓的房主上坂正治先生发现。上坂先生说他3天前外出旅行，外出期间，他的友人也就是被害者，找他借下这间房。

死因是氰化钾中毒。死亡时间推断为昨天下午1时至3时之间，桌上杯子里装有未喝完的果汁，果汁掺有氰化钾。

房间里装有空调设备，冷气机开着，不知什么原因窗户也开着。室内被人翻动过，因此警察认为是他杀，并已开始侦查。

当天下午，从一点半到两点半，这所公寓一带曾停电一个小时左右。因卡车司机疲劳驾驶，撞上电线杆，将电线切断。

浅井美代子读了这则消息后暗想："我从公寓回来时，乘电梯刚好下到一楼停了电，多亏时机好，如果晚一步，正好被关在电梯中，千钧一发的时候运气不错，顺顺当当地干完事，那男人死了，真痛快呀！"

友田孝一郎也读了那则消息："哼，活该，这样就清净了。不过，当时没注意正在停电，我怕遇见人麻烦，因此没乘电梯，从楼梯上去的，可偏偏在楼梯遇见了两位主妇，运气不好啊！不过，我戴着太阳镜，倒不用担心，508号房间不是那家伙的住房，这倒挺意外。"

加藤真由美也把那则消息反复读了几遍："去时在公寓附近的道路上，停着两辆巡逻车，我以为发生了什么事，有些紧张，原来是卡车事故造成停电。幸亏是白天停电，要是晚上停电就糟了。进公寓时，那些看热闹的人都盯着我看，不过我化了装，戴着太阳眼镜和假发，不用担心有人认识我的相貌，不过，万一刑警打探到我来过这里怎么办呢？……啊，不要紧，没有证据表明我去了那间屋……总之，那个男人死了，不会有人玷污纯情歌手的名声了。"

那么，聪明的读者，用氰化钾毒杀敲诈者的罪犯，是三人中的哪一位？为什么？

现场的房间，装有空调设备，冷风机在工作，而窗户也开着，这说明犯罪是在停电中进行的。由于停电，冷风机停止工作，室内很热，被害者自己打开窗户。如果恢复送电后被害者还活着，冷风机又开始工作，他就会关上窗户。停电中到过现场的，只有友田孝一郎和加藤真由美，那么，被害者是被谁的氰化钾毒死的呢？氰化钾不密封保存，长时间与空气接触，便会变成碳酸钾，失去毒性。真由美所持的氰化钾用纸包了两年，已经失去毒性。因此，凶手是友田孝一郎。

怪诞无比的推理

离奇的名画失窃案

李老收藏着一幅珍贵的好画，价值连城。他逢人就夸，作为炫耀的资本。

一天，有3位古董商来访，李老把三人迎入珍藏室，只见古玩陈列架上端端正正地放着一只檀木珍宝箱，健谈的主人边介绍，边打开箱子，那幅名画使来客们赞不绝口。随后，主人合上珍宝箱，用一张涂满糨糊的白色封条封好，然后邀请3位来客到客厅叙谈。

言谈间，李老发现3位来客有一古怪的巧合——3个人的右手指上都有点小小的毛病，A的食指也许是发炎，涂上紫药水；B的拇指明显是被划破，涂上红药水；C的拇指大概被毒虫咬肿，涂上碘酒。聊天的气氛是热烈的，尽管3位来客先后离席外出小解，但回到客厅后，依旧是谈笑风生。

宾主谈兴正浓，李老的儿子——化学教师李明回家。经介绍，李明与3位来客一一握手寒暄。随后，让李老带着他去看一下古画。当李老撕下湿漉漉的白色封条，打开箱盖时，突然发现古画不见了。这一惊非同小可，他只喊了一声"我的画"就浑身瘫软了。沉着机灵的李明唤醒父亲，问明经过，然后安慰他说："爸，别急，事情终能水落石出。"

李明扶着父亲来到客厅，把名画失窃的事向3位来宾说明，然后风趣地说："尊敬的先生们，这古画不会是飞到你们身上了吧？"

3位来宾耸了耸肩膀，双手一摊，异口同声地说："我的上帝！这绝不可能。"

李明的犀利目光从三人的手掌一扫而过，然后指着其中一位对父亲说："盗窃古画的就是他！"

聪明的读者，您可知道李明所指的"他"是谁吗？

参考答案

李明在见到 C 的拇指呈现蓝黑色时便果断地指着 C 说："盗窃古画的就是你！"因为封条上的糨糊未干，假如是 A 或 B 两人动过封条，那么手指上的药水在碰到珍宝箱的白纸条时，纸条上必然会留下紫色或红色的痕迹。现在李明既然在纸上没有发现任何痕迹，说明封条贴上后不久，就被 A、B 之外的人完整无损地动过。然而只有当碘酒涂过的手指与糨糊接触时，使原来的黄色反应后呈蓝黑色。所以李明见到他们手指的一瞬间，便做出了断定。

货车是怎样消失的

这是很难令人相信的那种异想天开的案件。一节装着在展览馆展出的世界名画的车厢，从行驶中的一列货车间悄然消失了。而且，那节车厢是挂在列车中部的。

晚 8 点货物列车从阿普顿发车时，名画还在车上，毫无异常。可到了下一站纽贝里车站时，只有装有名画的那节车厢不见了。途中，列车一次也没停过，阿普顿——纽贝里之间虽然有一条支线，可那是夏季旅游季节专用的，一般不用。第二天，那节消失的车厢恰恰就在那条支线上被发现了，但名画已被洗劫一空。不可思议的是，那节挂在列车中间的车厢怎么会从正在行驶的列车上脱钩，跑到那条支线上去了呢？对这一奇怪的案件，警察毫无线索，束手无策。

在这种情况下，侦探黑斯尔出马了。他沿着铁路线在两站之间徒步搜查，尤其仔细看了支线的转辙器。转辙器已生锈，但却发现轮轴上有上过油的痕迹。"果然在意料之中，这附近有人动过它。"他将转辙器

上的指纹拍下来，请伦敦警察厅的朋友帮助鉴定后得知，这是有抢劫列车前科的阿莱的指纹。于是，黑斯尔查明了阿莱的躲藏处，只身前往。

"阿莱，还不赶快把从列车上盗来的画拿出来。"

"岂有此理，你有什么证据说我是罪犯？"

"转辙器上有你的指纹。当然，罪犯不止你一个人，至少还应该有两个同犯，否则是不会那么痛快就把货车卸下来的。"黑斯尔揭穿了阿莱一伙的作案伎俩。

那么，他们究竟是用什么手段将一节车厢从行驶的列车上摘下来的呢？

将3名罪犯分为 A，B，C，设被摘下的货车为 X。A 和 B 潜入列车，C 在支线道岔的转辙器处等候。列车从阿普顿一发车，A 和 B 就将一根粗绳子系在货车 X 前后两节车厢的连接器上。绳子绕到 X 外侧，同支线正相反的一侧。当列车接近支线时，就打开 X 前后两车厢上的连接器。即使打开，绳子也连接着，所以前后的车厢不会分离，照样往前走。在支线等待的 C 在 X 前后车厢的边轮踏上交叉点的一瞬间，迅速切换转辙器。这样，X 就滑上了支线。而不等 X 后部车厢的车轮踏上交接点，再把道岔转辙器回位。这样一来，后边的车厢就被粗粗的绳子拉着在干线上行驶。

不久，列车接近纽贝里车站，速度减慢，被绳子拉着的后边车厢因为惯性会赶上前边车厢。这时，罪犯 A 和 B 再关上连接器，卸下松弛了的绳子，跳下列车逃走。另一方面，滑入支线的货车 X 走了一阵后会自动停下，罪犯也就可以轻而易举地将装在上面的名画全部盗走。

被替换下来的毒药

H 夫人和当医生的丈夫分居后独自一个人生活。但自 3 天前起，她发高热一直不退，附近的私人诊所医生又不出诊，无奈只好请分居的丈夫前来看病。

"不必担心，是患了流感。先打上一针，今晚睡觉前吃了这药就会马上退热，再过两三天就会好的。"丈夫给她打了一针，又给她留下一个用胶囊装的感冒药就回去了。

当天夜里，她临睡前吃了丈夫留给她的感冒药。可是，几分钟后突

然感到难受，不一会儿就死了。实际上胶囊里装的是氰化钾。

然而，第二天傍晚尸体被发现。警察在解剖尸体时发现，其胃中残留有尚未消化的掺有氰化钾的巧克力。因此，被害人的弟弟以杀人嫌疑被逮捕。这是因为他在一周前曾送给他姐姐一盒威士忌酒心巧克力糖。其中，有一块巧克力掺有氰化钾。这姐弟俩正为继承亡父的遗产而闹得不可开交，可见其有杀人动机。可是，其弟坚持自己是无辜的，并求助团侦探重新进行调查。

接受调查这起案件的团侦探，在得知与死者分居的丈夫是内科医生，并且为了同年轻的情妇结婚而急于想同妻子离婚这些情况后，调查了其在案发当夜不在现场的证明，一针见血地揭穿了医生巧妙的毒杀手段。

那么，该医生使用了什么手段，将被害人吃下去的掺毒的胶囊替换成威士忌酒心巧克力的呢？

是使用了胃吸管。该医生在妻子吃了有毒的感冒药死后，悄悄溜回来用医用吸胃导管插入死者的胃里，将溶化的胶囊和氰酸钾吸出来。并且，又以同样的方法将威士忌酒心巧克力用温水调化后注入死者的胃里。当然，那威士忌酒心巧克力的溶液里也掺了氰酸钾。这样，即使解剖尸体的胃，里面残存的只有未经消化的威士忌酒心巧克力，所以被误认为是吃了掺有氰化钾的酒心巧克力致死的。

青铜像谜案

埃夫文的妻子被人杀死了。埃夫文对检察官说:"昨晚我很晚回家,刚巧撞上一个人从我妻子房里跑出来,跌跌撞撞窜下楼梯。借着门口那盏昏暗的长明灯,我认出他是吉姆·西斯蒙。"

被告西斯蒙愤怒地嚷道:"他在撒谎!"

埃夫文继续说道:"西斯蒙大约跑出 100 码远,扔掉了一件什么东西,那东西在乱石坡上碰撞了几下后滚落进深沟,在黑暗中撞出一串火花。"

"这是胡编!诬告!"西斯蒙气得满脸通红。

检察官举起一座森林女神妮芙的青铜像:"对不起,西斯蒙先生,我们在深沟里找到了这件东西,要是再晚一个小时,那场大雨也许就把这些线索冲掉了。铜像底部沾的血迹和头发是埃夫文太太的。我们在铜像上取到清晰的指纹——这是您的指纹。"

西斯蒙反驳道:"我当时根本就没去他家。昨晚 7 点埃夫文打电话给我,说他 8 点钟想到我家来谈点事。我一直等到半夜,也不见他来,就睡觉了。至于指纹,那可能是我前几天在他家拿铜像玩时留下的。"

检察官感到案情很复杂,找到大侦探麦克哈马,把案情说了一遍,最后说:"埃夫文和西斯蒙是同事,以前二人的关系很好,最近不知为什么关系开始恶化。"

麦克哈马听完检察官的介绍后,说:"凶手不是西斯蒙,是有人诬陷他。真正的凶手是……"

你知道真正的凶手是谁吗?

怪诞无比的推理

真正的凶手正是埃夫文。此案的关键是青铜像。埃夫文称，西斯蒙扔掉东西在岩石坡上撞了几下，在黑暗中划出一串火花，并说这是西斯蒙的作案凶器。这是谎言。青铜在岩石上不会撞出火花，这是青铜像的物理性质所决定的。因此，西斯蒙不是凶手。

船长被害的秘密

某日早晨9点左右，小王来到海边散步，赫然看见一艘小帆船倾斜在沙滩上，此时是退潮的时候，小王越想越奇怪，于是就走近帆船，走到船边的时候，他对着船舱大声喊了几声，可并没有人回答。这么一来，小王就更好奇了，他沿着放锚的绳子爬到甲板上，从甲板的楼梯口往阴暗的船室一看，呈现在眼前的是一位躺在血泊中的船长，胸前插着一把短剑，看样子是被刺死的。

这位船长的手中紧握着一份被撕破的旧航海图，在他躺卧的床头上，还竖着一根已经熄灭的蜡烛，蜡烛的上端呈水平状态，也许船长是点燃蜡烛在看海图时被杀害的，凶手杀死船长后就吹熄了蜡烛，夺去航海图才逃跑的。

小王认为这是一宗谋杀案，事关重大，于是马上报了警。警察来了以后开始寻找线索。

"这艘船是昨天中午停泊在此处的，船舱里白天也是非常阴暗的，所以，即使在白天看海图也需要点蜡烛，因此船长被害的时间并不一定是晚上，可是船长到底何时遭到毒手的呢？"

警察们一面查看尸体，一面讨论着。

"船长被害的时间，就是在昨晚9点左右。"小王干脆利落地判断。你说小王根据什么而做出如此大胆的判断呢？

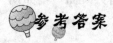参考答案

从蜡烛的熔化情况来判定被害时间。

由蜡烛的上端熔化部分呈水平状态来看，船在触礁而倾斜时，蜡烛还在燃烧着。

海水的涨潮和退潮，其间总是隔着6个小时，轮流变化着，这艘船被发现的时候是上午9点左右，此时恰好是刚退潮，由此可知，此次退潮至上一次退潮，其间只涨过一次潮，以此可推论船是在昨晚9点左右触礁倾斜，凶手也是在此刻下手的。

倘若凶手是在涨潮之时进入船室吹熄蜡烛作案的话，那么蜡烛上端熔化部分一定会和船体倾斜的状态呈同样的角度才对。

虚假的证词

约翰、保罗和洛克3个人是纽约一家颇负盛名的珠宝公司的合股人。去年1月，他们一同飞往佛罗里达州，在约翰的别墅度假。

一天下午，约翰带着保罗——一位不谙水性的钓鱼爱好者，乘坐游艇出海钓鱼，而洛克这位鸟类爱好者则情愿留在别墅。约翰是载着保罗的尸体回来的。他说保罗在船舷探出身子钓鱼，因风浪大船颠簸，失去重心而落水，待他赶快捞起时，保罗已经淹死了。而洛克则说，他坐在别墅后院乘凉，发现一只稀有的橘红色小鸟飞过，他便兴致勃勃地追踪小鸟来到前院，用望远镜观察那只鸟在高大的棕榈树上筑巢。说来凑巧，他的望远镜无意中对准了海面，只见约翰与保罗在游艇上扭打成一

团，约翰猛地把保罗的头按入水中。

验尸报告证明保罗的确死于溺水。但在法庭上，约翰的辩解与洛克的证词互相矛盾。法官去拜访名探圣弗朗，请他帮助解开疑团。圣弗朗说："洛克的证词是假的。"

为什么？

洛克的证词说明他对热带植物的了解少得可怜。很明显，他并没有像他所说的那样看见一只鸟儿在棕榈树上筑巢，因为棕榈树没有树杈，只有一柄宽大的叶子，鸟儿在上面难以筑巢。由此看来他的证词是假的。

暴露凶手的轮胎

罗宾是一位生物学家，他研究的一个项目，取得了重大成果，轰动了全国。各地著名的大学都纷纷邀请他去讲课。罗宾一很直关心科学普及，所以，他放弃自己的休息时间，在周末到各学校讲课。

这是一个星期天，罗宾自己驾着小汽车，到邻近的某市讲课。他的课受到了热烈欢迎，课讲完了学生们还不肯离开，又提出了很多问题，他都一一耐心地解答。下课以后，学校的老师又和他交谈，留他吃饭，就这样，一直到晚上 10 点多钟，罗宾才离开这座城市。

夜深了，罗宾驾着车往家里赶。汽车行驶在公路上，收音机里播放着动听的音乐，罗宾的心情很好，跟着音乐轻轻地哼着。忽然，他看见前方的路中央停着一辆越野车，连忙减慢车速，小心地从旁边绕过去。只听"啪"的一声响，车子猛地一歪，罗宾赶紧踩刹车，下车一看，汽车的一个前轮胎，被一枚很粗的铁钉扎破了。正在这时，从越野车中跳出一个人，用黑布蒙着头，用手枪逼着罗宾，抢走了他的钱，然后开车逃走了。

罗宾步行了半个多小时，才看到了前面有灯光，那是一家小杂货店。他首先打电话报了警，然后对小店老板说："麻烦您给附近的修车站打电话，来换一个轮胎……"老板马上热情地打了报修电话，又给他端上了热茶。10 分钟以后，修车站的工人拿着轮胎来了，警察也同时赶到。罗宾对警察说："不用调查了，小店老板就是抢我钱的人！"小店老板好心帮忙，罗宾却说他是坏人，你知道这是为什么吗？

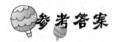

参考答案

罗宾让店主打电话报修，并没有告诉他轮胎的型号，可是工人却拿来了合适的轮胎，说明店老板在抢劫现场，知道车胎的型号。实际上，店老板就是拦路抢劫的蒙面人。

蜜碗里的老鼠屎

一天，三国时期的东吴皇帝孙亮带领十几个侍臣来到吴宫西苑避暑。西苑是个十分美丽幽静的地方，铺石的林阴小路直通假山，山脚下有一条弯曲清澈的小溪，花红树绿，令人神清气爽。

孙亮高兴地来到一片果树前。各种果树上硕果累累，黄澄澄的杏，粉嫩嫩的桃，还有"望"一眼就能止渴的青梅。

"给我摘几个青梅来。"孙亮对侍臣说道。

一名老太监听见孙亮要吃青梅，忙跑过去摘了几个，洗净后捧到孙亮的面前。

孙亮咬了一口青梅，酸得他直皱眉头，急忙又吐了出来："太酸了！这东西可实在吃不得！"

"万岁爷！"老太监殷勤地说道，"那青梅确实很酸，但是弄点蜂蜜来蘸着吃，就好多了，而且味道一定很美。"

"是那样吗？"

"您不妨尝尝，小的这就给您取蜜去！"

"快去吧！"

老太监捧着一个银碗来到了御用仓库，对管库的官吏说，万岁爷要吃青梅蘸蜂蜜。库吏听后，急忙打开仓门，搬出一个蜜桶，倒出了满满一碗蜂蜜，让老太监送回去。

老太监把蜜碗捧到了孙亮的面前。可是，当孙亮打开碗盖，刚要拿青梅蘸蜜时，却发现蜂蜜上面有一粒老鼠屎。这还了得！孙亮大怒，厉声责问道："这老鼠屎是怎么回事？"

老太监忙上前回禀道："启奏万岁，这蜜里的老鼠屎一定是库吏失职，管理不善所致，请万岁爷从重处罚。"

"你立即去把库吏给我传来！"

"遵旨!"

很快,老太监便把库吏带到了孙亮面前。

孙亮怒气冲冲地对库吏说:"你知罪吗?看看这蜜碗里是什么?"

库吏看见皇帝发怒,本已经吓跑了半个魂,再一看蜜里竟然有一粒老鼠屎,剩下的半个魂也吓没了,一个劲儿地磕头:"小人有罪,该死,该死!"

孙亮冷冷地看着库吏说:"我命你掌管皇宫内库,这是对你最大信任。可你不能尽职尽责,蜜桶里竟掉进去了老鼠屎,该当何罪?"

"陛下,冤枉啊!"库吏急忙喊道,"那蜜桶从来都是盖着的呀!"

"还敢强词夺理。我问你,既然蜜桶一直盖着,那么,里面掉进了鼠屎怎么解释?"

"这……"库吏一时怔住了,但想了想又说道,"小人不敢撒谎,请陛下派人检查就是了。"

孙亮一想也对,何不派人把蜜桶取来当场查验一下,便说道:"把蜜桶立即给我取来!"

老太监听说,转身就要走,却被孙亮叫了回来:"这次让别人去吧!"

两个小太监立即去仓库,将蜜桶抬来了。

孙亮一看,那蜜桶果然盖得很严,老鼠屎根本不会掉进去。孙亮心里有底了,问库吏:"你在这宫里有仇人吗?"

"没有。"

"一个也没有吗?"

"没有。"库吏说完,忽然想起来什么,说道,"有一个人曾经向我要过东西,我没给,他会不会记恨我呢?"

"谁?"

"就是他!"库吏指着老太监说:"前几天,这位公公向我要一领席子，我没给。"

"原来是这么回事！"孙亮恼怒地对老太监说，"就为这区区小事，便陷害他人，还不知罪！"

"万岁爷！"老太监急忙喊道，"库吏是在说谎，您可不能相信他那一面之词啊！"

"是谁在说谎我会弄清的。"很快，孙亮根据那粒老鼠屎弄清楚了真相。

原来，老太监向库吏要席子不成，便怀恨在心，想找机会报复一下。正巧，孙亮命他去取蜂蜜，他便趁机在蜜碗里放进一粒老鼠屎，妄图诬陷库吏，将其治罪。

孙亮怎样断定是老太监把老鼠屎放进蜜碗里的呢？

参考答案

孙亮想，如果老鼠屎是蜜桶里原有的，那么里外都应该是湿的才符合逻辑；如果是刚刚放进去的，鼠屎就应该外湿内干。他让人把鼠屎碾碎后，果然外湿内干。

尸体上的蚂蚁

一日，夫妻俩争吵，丈夫顺手抄起桌上的汽水瓶照着妻子的头上砸去，当他挥起瓶子时，喝剩的半瓶汽水浇到妻子的肩头，把罩衫弄湿了一大片。然而，当他想要再举手打时，发现蜷缩在地上的妻子再也不动了，太阳穴被打破，鲜血流了一地，妻子这样轻易地死去，使他一时不知所措。但马上又冷静下来，考虑善后处理。他将尸体装进汽车的后车

厢，扔到了郊外的一个公园里。深夜里公园没人，他将尸体放在花坛边，赶紧要离开时，猛然想起忘了把凶器汽水瓶也带来了。为了慎重起见，他从附近的垃圾箱里找出一个刚扔不久的汽水瓶子。

"就把它当凶器吧！如果留着谁的指纹就该他倒霉，肯定会被当作凶手的。虽然是不同厂家的出品，瓶里的汽水总会是一样的东西吧！"他为了不留下自己的指纹，拾起空瓶子后，往瓶子上又沾了些妻子的鲜血，扔到尸体脚旁。

当第二天尸体被发现时，罩衫肩膀已聚集了一大群黑蚂蚁。

"为什么蚂蚁只聚在尸体的肩膀呢？"现场勘察的刑警觉得很奇怪。

"一定是用这个汽水瓶打人时，瓶里的汽水洒到了肩膀。汽水都是白糖做的甜水。

鉴定员说着从尸体旁边拾起空瓶。"哎呀！奇怪了，瓶子这儿一只蚂蚁也没有啊？"说着鉴定员看了看汽水瓶上的商标，"凶器不是这只瓶子，可见，尸体一定是从别处转移到这里的。"他果断地下了结论。

那么，为什么鉴定员只看了一下商标就断定凶手伪装现场呢？

 参考答案

扔在尸体旁的空瓶贴的是人造糖精的商标，蚂蚁是不吃人造糖精的。因为凶手使用的凶器汽水瓶，装的是用白糖或果糖一类天然糖料制造的汽水，所以富含糖分的罩衫处才会聚集很多蚂蚁。

冰中的少女

一个冬天的夜晚，几个年轻人正在屋中玩牌赌博。

"着火了!"突然,外面传来了撕心裂肺的喊叫声。几个人不约而同地往窗外望去,火好像是从后院烧上来的,烧到这儿还有一段时间。他们放下手中的牌一同向外奔去。

消防车还没到,现场只有刚才喊着火的那个保安员,手里提着一瓶灭火器正惊慌失措,不知如何是好。赶到现场的几个年轻人不容分说,勇敢地扑向大火。扑打了一阵子,火势似乎控制不住。

"快取消防水来,附近就有!"

"没想到会用,也许水都冻上了!"

"管它呢,去看看再说。"几个人一道跑向装有防火水的水槽,打开水槽盖子一看,水果真冻上了。这已在预料之中,但没料到的是冰下竟躺着一个人,一个年轻少女一丝不挂地沉睡在下面。其中的一个人果断地破开冰将尸体拉出来,她似乎是被掐死后投到水中去的,已生息全无。此时,3个人的耳中传来了消防车的笛声,其声由远而近仿佛是从另一个世界传来的一样。

北海道地区检察院的揪过检察官和当地警署的杯田警官被人称为黄金搭档,此次又联手办案。

"揪过先生,从作案的机会看,凶手是住在这栋公寓的人,而且肯定是甲田和乙川中的一个。"

"可二人在推定的作案时间内都在玩牌。"

"是的,但二人在玩牌中间都各自出去过一次,甲田是着火前一小时,乙川是着火前15分钟。据二人自己说,虽然外面天气很冷,但因输赢玩得很热,所以到外面去换了换空气,很快就回来了。这一点其他在场的人可以作证。尽管如此,我觉得将少女杀死再脱去其衣服扔到水槽中,有这么点儿时间是绰绰有余的。"

"二人都有作案动机吗?"

"是的,二人都是被害人打工的酒吧的常客,甲田是死者现在的情

怪诞无比的推理

— 53 —

人，乙川是死者原来的情人，而乙川目前正在同其上司的女儿谈恋爱，说不定被死者握有什么把柄受到敲诈也未可知。"

"嗯……凶手应该是乙川。假如凶手在行凶杀人时，在放火的定时装置上做了什么手脚的话，那么着火前一个小时出去过的甲田就不是凶手。是否发现了有用过可在一个小时后着火的定时装置的痕迹呢？"

"那么，检察官先生，你认为是凶手放的火吗？"

"一着起火来，人肯定是手忙脚乱，不知如何是好，可想起用防火水的以及破冰将尸体拉出的恐怕都是乙川吧。这分明是想让人尽快发现尸体……你身上带着纸火柴吗？"

杯田从上衣口袋中翻出一盒纸火柴递给揪过。揪过点上一支烟，然后将过滤嘴去掉，再将烟无火一端置入火柴杆与火柴盒之间，眼看着一点儿一点儿变成了灰，大约15分钟后，哧的一声火柴盒烧了起来，尽管是放在了烟灰缸的中央，可腾起的火苗蹿了好高。"这样你就该清楚了吧，火灾现场肯定会留下这种火柴的灰烬的。"

"可是有一点我没弄明白，假如乙川是凶手的话，当他将尸体扔入水槽时尚未结冰，而此后15分钟尸体怎么就被封入冰下了呢？"

"扔入尸体后不可能很快就结冰，哪有这么偶然。如果法庭上被律师抓到这一点可是站不住脚的呀！"

"放心吧，作案手段嘛，在开庭前肯定会拿给你的。"揪过检察官充满自信。

那么，是什么手段呢？

参考答案

终于到了开庭的日子，辩护律师果然抓住了那一点纠缠不放。揪过检察官胸有成竹，传唤了证人冈内教授出庭，并经审判长的同意，让证人当庭做了个简单的实验。这是个在小学便做过的冷却实验，本没必要由一个大学教授特意出庭来做。

将盛在烧杯中的水慢慢冷却，当水温达到0℃时仍不结冰，当水温降至零下2℃左右，教授震动了一下烧杯，眼见杯中的水面开始慢慢结冰。处于冷却状态下的水是极不安定的，所以哪怕是一点儿微小的震动，也会很快冻结起来。

"……被告正是熟知防火用水常处于冷却状态这一点，才用此手段作案，以转移视线，逃脱惩罚之灾。"揪过检察官在最终的指控中陈述道：

"被告将被害人骗至水槽旁，在确认水尚未结冻之后将被害人掐死。万一水已结冻，他也许会暂缓杀人，另觅时机，但一向以嗜赌为乐的被告此时也孤注一掷地把宝押在了水没有结冻上面。被告所以要剥光死者的衣服，其用意显然是要加速尸体冷却，以制造死亡时刻早于实际死亡时间的假象，且裸尸更难于辨别身份，又无需担心衣服未被水完全浸透而露出破绽。再有，方才已经提到过的准备了纸造火柴做导火索，企图将脱下的衣物焚烧掉。而且，尸体一经发现，自己又抢先破冰拉出尸体，无非是为了避免有人对刚刚结冻的冰的薄厚引起注意。归根到底，虽然被告在决意行凶前对不确定的可能性尚存侥幸一面，但其行凶杀人后的所作所为无不可以断言：这是一起经事前预谋、精心策划、极为凶残的犯罪……"

怪诞无比的推理

凋谢的玫瑰

一个叫托马斯的画家死在了自己的公寓里。当警察赶到时，公寓的门窗都是反锁的。警察好不容易才把门弄开，进入房间。只见托马斯倒

在床上，枪掉在地上，看起来是他把门窗都关好后，坐在床上开枪自杀的。法医判断，托马斯已经死了8天了。

　　警察对侦探罗根说，是楼下一个花店的老板报的警。老板告诉警察，托马斯每周五晚上都会去花店买13朵粉红色的玫瑰，已经10个年头了，从未间断过。可这两个星期托马斯都没有出现，花店老板有点担心，就给警察局打了电话。

　　罗根问道："那些玫瑰呢？"

　　警察说："都装在一个花瓶里，花瓶放在窗台上，花都枯萎凋谢了，只剩下了花枝。"

罗根环顾了下四周，继续问道："地板和窗台上有血迹吗？"

警察摇了摇头："除了一点灰尘，什么都没有，只在床上有血迹。"

罗根听到这里打了个响指，接着严肃地说："这是一起谋杀案，凶手在窗台边上杀死了托马斯，然后打扫清洗了现场，再将尸体移到床上，使人觉得是自杀。"

那么罗根为什么这么说呢？

参考答案

窗台上的花都枯萎凋谢了，那应该能在窗台或地板上找到落下的花瓣，不可能只有一点灰尘，所以罗根判断花瓣是凶手清洗现场时一起弄掉了。

作证的蜡烛

这天凌晨，罗根接到报案，在收藏家的花园洋房里发生了一起抢劫案。罗根迅速赶到案发现场，只见二楼的书房里，两扇落地窗敞开着，桌子上有两支点了一大半的蜡烛，烛液流了一大堆；桌下散落了好多文件，现场似乎发生过打斗；另外，地上还有一截绳子。收藏家告诉罗根："昨晚，房间突然停电了，于是我点了蜡烛，打算看看到手的珍贵手稿。谁知蜡烛刚点亮，门突然被风吹开了，我就去关门，不想从窗外爬进来一个蒙面人。他把我摁倒在地，捆住我的手脚，堵住我的嘴。然后他抢走了手稿，又从窗口爬了出去。我好不容易挣脱绳子报了警。"

罗根听完，环顾了一下四周，哈哈大笑起来："先生，虽然您制造假现场的本事很大，但是您还是忽略了关键的细节。看来，以后还要更细心

一些才是!"

　　请问，罗根是如何发现破绽呢?

参考答案

　　外面有大风，而落地窗一直打开，所以，燃烧着的蜡烛应该很快就被吹灭，可是桌上却有一堆的烛液，显然有问题。而这位收藏家本打算利用此等骗术来骗取高额的保险赔偿，没想到被聪明的侦探识破。

第三章　找出蛛丝马迹

大学生被杀案

寂静的夜晚，位于大学城的学生公寓楼群里却是喧闹至极，人声鼎沸。

突然，一声枪响划破了夜空，使学生公寓嘈杂的局面变得更加混乱。很多学生循着枪声来到了一间独栋别墅式公寓，见这座公寓里的二楼卧室里，大学生哈里已倒在了血泊中。

一位学生马上打电话，报告了警察局，探长亨利带着助手立刻就来到学生公寓。

亨利经过调查，了解到这座公寓里共住着 4 个学生，除死者哈里外，还有比尔、桑尼和格伦。亨利觉得这 3 个学生都有嫌疑，便把他们三人隔离开，对其进行单独的讯问。

亨利先生讯问比尔："哈里被抢打中的时候，你在干什么？"

比尔说道："我正在修车，我把一盏灯带到了屋后面车库那里，插上电源打开灯修车。就在这时，房间里传来了枪声，我赶快跑进屋去。"

亨利又开始讯问桑尼："枪响时，你在干什么？"

桑尼一瘸一拐地来到亨利面前说："我把车停在屋后的一个胡同里，往后门走的时候，被地上的电缆线绊倒了。我坐在地上揉着脚腕，大约两分钟后，我听到了枪声，就赶紧站起来。"

亨利开始讯问第三个人格伦："枪响的时候，你在干什么？"格伦说道："当时我正往厨房走，想到厨房盛一杯冰激凌，这时，我听到后门那里有声音，就向外看了一眼，外面漆黑一片，我就又回到厨房取冰激凌了，几分钟后听到了枪响。"

为了证实他们说的话，亨利开始搜查房子，在厨房的冰箱旁，他找到一杯融化的冰激凌，在后院的地面上，他看到了电线插头已经被扯出了插座，电线连接的灯还悬挂在比尔的汽车已经打开的引擎盖上。

亨利重新回到屋里，指着比尔说道："你说的话，全是在撒谎，凶手就是你！"

比尔申辩道："我怎么就是凶手呢？你搞错了吧！"

亨利当着众人的面，指出了比尔的犯罪事实，比尔当时就哑口无言了。

亨利为什么说比尔是凶手呢？

参考答案

格伦听到了后门那里有声音，证明桑尼的确在命案发生前回了家，并且被电线绊倒了，这样，扯出插座的电线，就又证明了桑尼说的是实话。可是，既然桑尼摔倒扯出了电线，正在修车的比尔就应该突然陷于黑暗之中，可比尔却没有向亨利提到他的电灯突然间熄灭，这是因为此时他正在悄悄地上楼，杀死了哈里，电灯熄灭他根本不知道。

上校的死因

第一次世界大战期间，同盟国军指挥官华托夫投降了协约国，这对同盟国将非常不利。华托夫熟知同盟国的战术、兵力分布甚至将领的习惯，这些绝密情报让他成为同盟国军队的头号敌人。

同盟国军队派出了很多身怀绝技的杀手去刺杀他，但是华托夫上校护卫森严，而且他还是拳击好手，去刺杀他的人不是被抓住，就是在其铁拳下丧生。

华托夫因此洋洋自得，自称是"不怕暗杀的人"。

一天傍晚，华托夫带着警卫偷偷爬到一座山上，观察同盟军队的情况。这座小山虽然不高，可是十分陡峭，山下有一条蜿蜒的小河，敌方军队就驻扎在小河边。

华托夫和警卫们悄悄攀上山顶悬崖，趴在悬崖边缘观察同盟军的部署情况。过了很长时间，警卫们发现华托夫还是趴在悬崖边缘一动不动，轻声呼唤也没有反应，不由着急起来。他们把华托夫拉起来一看，华托夫已经死了！

警卫大惊失色，连忙把华托夫抬回营地，请军医检查。

军医经过仔细检查，发现华托夫全身一处伤痕都没有，平时强壮如牛的华托夫怎么会死呢？一时间谣言四起，大家都说这是上帝的惩罚。

这事越传越远，传到了某位神探耳中，他思考了一下说："这不过是个巧妙的杀人事件，如果我没有猜错的话，华托夫的望远镜一定遗落或者丢失了。"将信将疑的人们赶到那座小山，果然在小河里找到了卡在河床上的望远镜。

请问，华托夫是怎么死的？这位大侦探又怎样在千里之外预料到一架遗落的望远镜呢？

怪诞无比的推理

🎈参考答案

　　华托夫平时身体健壮，心脏健康，他的猝死肯定是非正常死亡，而且身体没有任何伤痕，所以不能排除他杀的可能。考虑到他死在观察同盟国军队的时候，因此死前接触的最后一样东西很可能就是望远镜，而望远镜同样可以成为杀人的利器！被买通的警卫只要把一根毒针和调节焦距的旋钮连接在一起，就能让华托夫自己杀死自己！当他旋动旋钮的时候，毒针射出刺中眼球，导致心脏猝停。

　　而华托夫在被刺中的刹那，自然本能地将望远镜扔掉。他身处悬崖边，这一无心的举动毁掉了最后的证据。

夜半惊魂

　　午夜时分，郎波侦探驱车经过某住宅区时，突然发现路旁躺着一个人。郎波侦探下车一看，那人已气绝身亡，脖子上留有明显被勒的痕迹。

　　这时，附近一家住宅走出一个人来，走上前来弯腰一瞧，惊恐地喊了起来："啊，这不是霍普金斯吗！我料到会出这事。我警告过他！"

　　"警告过他什么？你是谁？"郎波问。

　　"警告他不要总是把那金币弄得丁当响。我是路希，霍普金斯和我是18年的老邻居了。他总喜欢把他的金币弄得丁当响，好像特意要招人抢劫似的。"

　　"那金币值钱吗？"

　　"钱倒不值多少。我告诉他要小心点的，有没有被偷走？"

　　郎波检查了尸体，发现了那枚金币和1美元的纸币。

朗波很快就逮捕了路希。

试问，朗波逮捕路希的依据是什么？

参考答案

霍普金斯口袋里只有一枚金币，不可能发出丁当的声响。

盲人和小偷

一位著名的大音乐家住在维也纳郊外时，常到他的好友——一位盲人家中弹钢琴。这天傍晚，他俩一个弹，一个欣赏。突然二楼传来响声，盲人惊叫起来："哎呀，楼上有小偷！"

盲人立即取出防身手枪，知道二楼没有灯光，对盲人比较有利，就摸上楼去。音乐家提了根炉条紧跟着。推开房门，房间里静得出奇，四周一片漆黑。小偷躲在哪里呢？气氛紧张极了，叫人透不过气来。突然，"砰"的一声枪响，"哎哟……"随着有人"扑通"一声倒在地上。音乐家急忙点灯一看，只见大座钟台前躺着一个人，正捂着腹部，发出微弱的呻吟。银箱中的金钱撒了一地……警察来了，抬走了小偷。

音乐家很奇怪：在没有任何声响的情况下，盲人是怎么击中小偷的呢？

 参考答案

原来，平常盲人进房时听惯了座钟的"嘀嗒"声，现在听不到了，说明小偷恰巧挡住了座钟，所以，他向座钟方向开了枪。

湖面上漂浮的尸体

贝加尔湖是世界上最深的湖泊，就透明度而言，更是世界上首屈一指的，从水面上能看到水下 40 米深。

就在一个夏天的早晨，贝加尔湖水面上发现了一具漂浮的男尸，一条小船翻扣在水面上，一具尸体漂浮在一旁。看上去好像是在划船游览时，被风吹起的波浪打翻了船而造成船翻人亡的。根据验尸结果，推定死亡时间是头天晚上 7 点钟左右。死者是位于湖泊西南岸上某机械厂的制图员，住在有 5 层楼房的单身宿舍。因患有高处恐惧症，他的房间在一楼。

"他不会游泳吧？"警察去他的工厂向他的同事们了解情况。

"经常见他去体育馆的游泳池游泳，是和普通人一样会游泳的。所

以，当翻船后掉进水里时大概是发生了心脏麻痹死去的吧。因为即使是在夏季贝加尔湖的水温也是很低的。"同事们回答说。

可是，警察突然注意到了什么，便马上明确地断定说："即使是溺水死亡，也不是划船事故，是罪犯伪造翻船事故的杀人案。"

那么，这是为什么呢?

参考答案

警察想起了死者有高处恐惧症，住在单身宿舍一楼的情况。有高处恐惧症的人，与害怕从高层楼上往下看一样，同样也会害怕乘船去深海和湖泊游览。乘小船时只要从船舷往水面下一看就会感到头晕目眩，两腿发软。一个患有高处恐惧症的人是绝对不会自己到湖里去划船的。读者们要学会举一反三，情景类比，不同场景可能会有相同的效果。

谁才是真凶

一天，武藏被城主细川公叫去伺候。

"听说你昨天去见过赤尾军兵卫?"细川公厉声问道。

"是的，赤尾邀我去，我只待了半个时辰。"

"今天早晨，发现赤尾死在自家的客厅里，腹部被刺，是坐着死去的。"

"那么，您怀疑我是凶手才叫我来的吧?"武藏不由得脸色苍白。

"军兵卫在你来之前，是我领地内最好的剑客。如果在暗中从背后刺他就不好说了，但能从正面刺中他的非你莫属啊!"

武藏闭目思索着昨天见赤尾时的情景。军兵卫和武藏一样都是单身汉。而且，昨天正赶上仆人外出买东西，只喝了一点儿冷酒，他还抱歉

地说："连粗茶也无法招待。"因此，没有证人来证明武藏昨天离开时军兵卫仍然健在的事实。

细川公进一步追问："我把你招来，军兵卫本来心里就不痛快，他觉得剑术教练的地位受到威胁。到底军兵卫是出于什么用意把你叫到他的住处呢？"

"他说，他从一个刀剑鉴赏家手里搞到了一把宝刀，一定要让我看看……说是佐佐木小次郎的那把宝刀。"

"什么，那把小次郎的……"细川公大吃一惊。

在严流岛决斗时，佐佐木小次郎当时还在小仓藩主的细川家里当差，在细川公眼里自然成了刺杀家臣的仇敌。

"可是，根据验尸报告，现场并没有那把宝刀。"

"那就是被凶手带走了吧。"武藏坦然地回答后，又接着说："可是，如果不是我的眼睛不好，那么那把刀肯定是把假刀，我打败佐佐木小次郎的时候，刀尖五寸处有卷刃，可是，昨天军兵卫给我看的那把刀，却没见到那处卷刃。"

"那么，你把这个告诉军兵卫了吗？他会大失所望吧！"

"不，对正在陶醉于不惜重金买到稀世珍宝的他，当面泼冷水我觉得太残酷了，所以我什么也没有说，但是，赤尾是个洞察力很强的人，也可能察觉到我没说话的意思。"

"嗯……如果凶手不是你，能刺杀军兵卫那样名剑手的人又会有谁呢？"细川公从武藏身上移开怀疑的视线，嘟囔着。

武藏深施一礼，退到外间屋子里，用腰里的短刀划破小指尖，用流出的血写在白纸上，然后，再次来到细川公面前。"凶手的名字我写在这上面。恐怕除此人外没有人能刺得了赤尾军兵卫，请立即调查。"他遂献上血书。

那么，军兵卫是怎么被刺的？武藏告发的内容又是什么呢？

 参考答案

　　刀剑鉴赏家是凶手。武藏写在纸上的凶手是卖给赤尾军兵卫那把假宝刀的刀剑鉴赏家。一个武士，即使是亲友或心腹之人拔刀之时，他也会毫不犹豫地抵挡的。然而，只有一个人在眼前拔刀时对方不会有什么戒心，那就是刀剑鉴赏家。鉴赏家，因是做生意的，所以可随意拔刀，况且，买主也以鉴赏的心情站在对面，总会有疏忽大意的时候。赤尾军兵卫经武藏鉴定得知是假货后，可能会将那个鉴赏家叫来，鉴赏家拔出刀来给他看，装作说这说那的样子，突然刺向军兵卫的腹部。

手中的扑克

　　一天傍晚，单身生活的扑克占卜师在自己公寓的房间里被杀。他是被利器击穿后背致死的。推测被害时间是上午9点左右。看上去是在占卜时受到背后突然袭击的。尸体旁边满满的都是扑克牌。占卜师手里紧紧地握着一张牌，是一张方块Q。

　　"为什么手里会握着一张方块Q呢？"警方感到诧异。

　　"一定是给我们留下的凶手线索。"罗根很肯定地说。

　　"但凶手和钻石之间又有什么关系呢？"

　　"扑克牌中的方块与真实宝石中的钻石是不同，是货币的意思。红桃代表圣杯，黑桃代表剑，梅花代表棍棒。"罗根解释着说。

　　不久，侦查结果锁定了3个嫌疑犯：职业棒球投手，宠物医院女院长，歌舞伎演员。

　　"3个人似乎都与扑克牌里的方块没什么关系。"警方很是疑惑。

　　"这个就是凶手。"罗根果断指出了凶手。

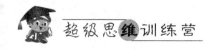

那么，真凶是谁呢？

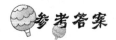

凶手就是宠物医院的院长。扑克牌里的方块 Q 是 queen 的首写，女王的意思，也就是女人。3 个嫌疑犯中只有宠物医院院长是女性。本故事的关键是从嫌疑人的特征出发，根据提供的线索，从两面同时推敲，考察读者多方位思考的能力。

离奇的卧轨案

案件发生在蒸汽机车全盛时代的 1945 年。××线的 R 车站不停特别快车。某天晚上，特别快车在通过 R 车站不久后，轧死了一位躺在铁道上的女人。最初以为是卧轨自杀，但事后调查证实是他杀的。被害人被强迫吃了安眠药而熟睡，然后又被搬到铁道线上让火车轧死。很快就找到重大嫌疑犯，此人就是与被害人已分居的丈夫。

然而，当刑警问及不在现场的证明时，他却做了如下回答："发生事故时，我就在那趟列车上。自己乘坐的列车轧死自己的老婆是何等不幸的偶然呀！可不管怎么说，我不是罪犯。倘若不信，去问列车员吧。他会证明我确实坐在这趟列车上的。"

为此，刑警找来那趟车的列车员与嫌疑犯当面对质。

"真的，这个人的确坐在车上。刚刚过了 R 车站，他就来到乘务室向我打听联运轮船的时间。发生事故是在那之后。"列车员答道。这样一来，嫌疑犯就有了充分的不在现场的证明，可以解除嫌疑。但列车员好像突然想起了什么似的又说："说起这事，刑警先生，那天晚上在列车通过 R 车站之前不远处，曾临时停过一次车。是因为有人跳车自杀

— 68 —

而紧急刹车的，可我同司机下车一看，但轧死的不是人，只不过是一模特儿人形。"

"什么？模特儿人形……"

"一定是有人要阻止列车，实在是品德败坏的恶作剧！"

刑警一听，马上就识破了罪犯的巧妙伎俩。

那么，坐在行驶的列车上的罪犯采用什么手段轧死其妻子的呢？

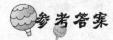 **参考答案**

罪犯先用安眠药使妻子睡着，再弄到铁路线上，然后赶紧折回 R 车站方向，把模特儿人形放在这一带的铁路线上。当特快列车轧上人形紧急停车时，他又趁乱上车。这样一来，当开车接着真的轧死人时，罪犯已在列车上了，所以有了不在作案现场的证明。本案的关键在于找出凶手可能跑出去作案的时间，然后情景再现，没有抽丝剥茧的推理能力是无法侦破此案的。

煤气自杀案

有人用力敲打管理员大久保的房门。大久保打开门一看，门外站着个陌生人。

"我叫柏木，是住 203 室石川洋子所在公司的上司。这几天她没来公司上班。所以我来看看，觉得她房里有些不对劲儿，能不能请你一道去看看？"

有些吃惊的大久保同柏木一起来到洋子住的房间，敲了敲门，里面没有回音。

"该不会是……"柏木惊叫一声，用力撞开门冲进房里。

怪诞无比的推理

房间里充满煤气味。煤气炉的阀门开着，门窗都用胶布封了起来，躺在床上的洋子已经死了，但看上去像是在睡觉。床头上丢着一个安眠药瓶。任何人看了都会觉得是自杀。

但管理员大久保对柏木的举动感到有些纳闷，这是为什么呢？

参考答案

门上的胶布在撞门前就开封了。

罪犯让洋子服用了安眠药睡下之后，用胶布将门窗的缝都封上，再将煤气阀门拧开，制造洋子用煤气自杀的假象。但是，自己在出门时无论如何都要破坏门缝上的胶布。大约两个小时之后，他又装作若无其事的样子叩开了管理员大久保的房门，请他一道去看看洋子的房间。带着大久保来到洋子房前的罪犯，用身体将门撞开，仿佛让大久保确信门上的胶布是此刻刚刚被弄开的。当然，门上贴没贴胶布虽然不知道，但拉着的架子是给人看的。起码说明罪犯的气数已尽。正是他的这一动作，引起了大久保的怀疑。

很显然，制造骗局的罪犯就是柏木，他为结束与洋子的不正常关系而杀了洋子。本案的关键是犯罪嫌疑人在作案后的表现，再好的演员都不能伪装内心最真实的东西。

背后放冷箭

加藤刚到家里，就接到一个电话，说晚上 10 点时，某校有个学生死在宿舍楼门前。

加藤赶到现场，只见死者倒在学生宿舍楼正门外，头朝正门，脚朝大道，匍匐在地上，背部被垂直射入一支羽箭。显然，死者是外出归来

正要打开宿舍大门的时候，从背后中箭，倒下死去的。

加藤轻轻地翻动了一下尸体，发现尸体下面有 3 枚 100 日元的硬币，在灯光的照射下它们闪闪发光。加藤随即检查了死者的衣兜，发现死者的钱夹里整整齐齐地放着 10 日元和 100 日元的硬币。

加藤突然间站起身来，询问一旁的大楼管理员：“这栋楼有多少学生居住？”

“现在正是暑假期间，学生们都回家了，只剩下小西和川本二人。这两个人都是射箭选手，听说下周要参加比赛。”管理员说到这里，抬头看了看学生宿舍楼，指着对着正门的二楼房间，介绍说，“那就是川本的房间。”

"22点左右，川本从二楼下来过吗？"

"没有，一次也没有。"管理员摇头答道。

加藤走进川本的房间，川本正在睡觉。他揉着朦胧的睡眼，吃惊地说："怎么，你们怀疑我杀害小西吗？请不要开玩笑，小西明明是正要开门的时候，背后中箭死的嘛！就算我想杀死他，但是从我的窗口只能看到他的头顶，是无法射到他的背部的啊！"

加藤走到窗口，探出身子，看了一眼，便转过身，拿出3枚100日元的硬币，对川本说："这是不是你的？也许上面还印着你的指纹！"

川本一看，结结巴巴地说："可能是我傍晚回来时，不小心从兜里掉下来的。"

加藤摇了摇头，对川本冷冷一笑，说："不，不是无意中掉出来的，是你故意设下的陷阱！"

那么，加藤是如何断定川本是凶手的？

参考答案

3枚100日元硬币，如果是死者的，肯定会整整齐齐地放在钱夹里，所以肯定是从楼上扔下来的，而正对着这块地的恰是川本的房间，受害人从外面回来，见到地上有3枚硬币就弯腰去捡，川本就利用此时作案。

反锁的酒窖

波衣德先生一向都是乘星期五上午9点53分的快车离开他工作的城市，在正好两个小时后到达他郊外的住宅。可是有一个星期五，他突然改变了习惯，在没有通知任何人的情况下，就坐上了那天夜里的火车。

回到家里已近午夜零点，他听见他的秘书阿必特正在地下室的酒窖里面喊"救命"。波衣德砸开门，将秘书放了出来。

"波衣德先生，您总算回来了！"阿必特说道，"一群强盗抢了您的钱。我听见他们说要赶今天午夜零点的火车回纽约去，现在还剩几分钟，怕来不及了！"

波衣德一听钱被盗走，焦急万分，便请海尔丁探长来调查此事。

阿必特对海尔丁说道："然后他们又逼我服下了一粒药片——大概安眠药之类的东西。我醒来时，正赶上波衣德先生下班回来。"

海尔丁检查了酒窖。这是个并不很大的地窖，四周无窗，门可以在外面锁上，里面只有一盏 40 瓦的灯泡，发出不太明亮的光，但足以照明用了。

海尔丁在酒窖里找到了一块老式机械表，他问阿必特："发生抢劫时你戴着这块手表吗？"

"呃，是——是的。"秘书回答。

"那么，请你跟我们好好说说，你把钱藏在哪儿了。你和那些强盗是一伙的。"

阿必特一听，顿时瘫倒在地。

你知道探长是如何识破秘书的诡计的？

怪诞无比的推理

参考答案

由于酒窖四周无窗，阿必特若真的失去知觉，醒来后就无法知道外面是白天还是黑夜，就是有老式手表，他也无法知道到底当时是近中午 12 点还是夜里 12 点。而按照波衣德平时的习惯，总是在中午 12 点左右到家的，这样阿必特听到波衣德回来时就会以为是中午，而不会催波衣德到车站去追赶午夜列车的盗匪了。

浴缸里的谋杀案

一天夜晚，张大友接到其姐打来的电话，说有要紧事情让他马上到她家去。

原来她姐姐碰到一件棘手事情。她的朋友文芳今晚有事住在她家里，可是文芳睡觉前洗澡时，突然心脏病发作，死在浴缸里。大友姐姐不敢通知警察局，怕警方怀疑是她杀了文芳而引起麻烦，因此求大友把文芳送回她单身住的别墅的浴室里，就像在那里死的一样。

张大友把文芳送到她的别墅时，天已大亮。幸好别墅坐落在森林边缘，没有人发现。张大友悄悄地把文芳放到浴缸里，打开热水器，让浴缸放满温水。接着他把文芳的衣服挂在衣架上，把手提包和高跟鞋放到适当的位置，随后便悄悄地离开了别墅。

当天下午 3 点左右，文芳的尸体被同事发现了，很快报告了警察局。法医检查后说："死因是心脏病，自然死亡。"

正在现场调查原因的探长忙问："是什么时候死亡的？"法医说："更详细情况需要解剖尸体才能断定，初步推测大约是在晚上 10 点到 12 点。"探长环视四周，沉思片刻后说："如果肯定是死于心脏病，又是这个时间，那么这个浴室不是第一现场，肯定是谁怕尸体引起麻烦才运到这里来的。"

张大友有什么疏忽，使探长肯定尸体是从别处运来的呢？

参考答案

是由于没有打开电灯知道的。如果文芳是昨晚 11 点左右入浴室后猝然死去的，那么浴室里的电灯一定是开着的。张大友把尸体送到别墅

时，天已大亮。因此，他根本没想到开灯。

心理学家的死因

心理学家青木，是一所大学里很有发展潜力的学者，他为了学问发誓终身不结婚。所以很多去他家里做客的人都会发现，他的家里除了一位负责他的生活起居的女佣人之外，就是书籍和手稿了。

5 月 20 日是心理学系建立 30 周年的大好日子，大家都忙碌着为即将开始的庆祝活动做准备。庆祝会上，学校领导、系领导等都已经讲话完毕，就是不见代表老师发言的青木。校长立即派人到青木家里去找他，却发现青木教授已死在了家中。

警察接到报案后，立即赶到现场。探长亚当斯对女佣进行了传讯。

女佣哭泣着对亚当斯说道："大约两个小时前，青木先生叫我给他一杯加冰威士忌，然后又叫我准备水给他洗澡。他还说洗澡后要睡一会儿，叫我在两小时后叫醒他。因为他还要去参加系里的庆祝活动。但是我敲了多次门，他都没有反应，所以我就打开他的房门，那时他已经口吐白沫卧倒在地上了。"

亚当斯开始检查青木喝过的酒杯，发现青木所饮的酒杯内，除了有冰块外，还有安眠药。

从表面上看青木好像是自杀而死，但亚当斯认为这是一宗谋杀案，凶手就是女佣。

亚当斯为什么认为女佣就是凶手呢？

参考答案

亚当斯发现酒杯里的冰块经过两个小时后，还在杯子里没有化掉，

说明这杯酒是在青木死后放在房间里的。这就说明女佣人在说谎，而说谎的目的，就应该是掩饰她的行为，所以，女佣是杀人凶手确信无疑。

铁汉之死

剧场里，正在演出一场杂技节目。下个节目就是大力士铁汉的了，舞台监督让人去找铁汉做准备。正在这时，只见演员程华慌慌张张地跑了上来。

"不好了，铁汉死了！"

"在什么地方？"舞台监督和坐在身边的团长都站了起来。

"在装道具的小仓房里。"

团长对舞台监督说："你先安排下一个节目上场，我去后面看看。"

程华领着团长等人朝小仓房跑去。

小仓房里，铁汉直挺挺地躺在地上，两只手紧紧地掐着自己的喉咙，脸上布满了痛苦的神色。

团长吩咐大家不要随便进入现场，并命人立即向警察局报案。

几分钟后，黄警长和几名警察赶到了现场，黄警长等人仔细勘查了现场，发现现场除了铁汉的脚印外，还有两个人的脚印。然后，他来到团长跟前问道：

"是谁先发现死者的？"

"是程华。"

"让他来一趟。"团长让人很快把程华叫来了。

"是你发现死者的吗？"

"是我发现的。"

"你把刚才见到的情况再详细和我说说可以吗？"

"可以。"程华抹了把额头上的汗水，说道："刚才，台上有个布景

架子活动了，我想到小仓房里拿根绳子把它捆绑一下。可是，我刚走到小仓房的门口，听见里面有动静。我从门缝往里一看，吓得几乎叫出声来，我看见铁汉正在使劲掐自己的脖子呢。我便进去使劲扳他的手，可是他力气太大了，怎么也扳不开，我便跑出来喊人。谁知当我把人找来时，他已经死了。"

听完程华的情况介绍，黄警长哈哈大笑起来："程华，我看你还是把真实情况说出来吧！你的同伙是谁？"他厉声喝问。

人们惊讶万分，都把目光集中到了程华身上。

"怎么怀疑到我头上了？"程华极力掩饰着自己内心的恐慌。

"那是你自己表演的结果。说吧，你和谁害死了铁汉？"

在黄警长威严目光的逼视下，程华只得交代了和本团一个叫兰武的演员同谋杀害铁汉的犯罪事实。

原来，兰武在追求铁汉的女友小梅。小梅喜欢铁汉的淳朴，也爱慕兰武的英俊，因此心里很矛盾，犹豫不决。为了得到小梅的爱情，兰武用钱买通了和铁汉关系较好的程华。他让程华骗铁汉喝下了掺有安眠药的葡萄酒，待药性发作后，兰武从暗处走了出来，按着铁汉的手，把铁汉掐死了。

不管一个人的力气有多大，也不能把自己掐死。因为，当一个人把自己掐昏后，手就会自然地松开了，用不了多久他还会缓过气来。

开满野花的山冈

位于加拿大太平洋海岸上的温哥华，一个夏天的早晨，发现了一具三十五六岁妇女的尸体。在可以俯瞰海湾的山冈上的草地里，铺着一块塑料布，尸体就躺在上面。

警察经过身份调查得知，死者原来住在市内的一家公寓里，是过着孤独生活的寡妇。她丈夫在几年前因飞机失事遇难。此后她便靠抚恤金和生命保险金维持生活。她因花粉过敏很少外出，喜欢织毛衣和刺绣，是个性格孤独的女人。

推定死亡时间为前一天傍晚。死因是氰化钾中毒。尸体旁边扔着掺有氰化钾的果汁易拉罐空筒。空筒上还留着她本人的指纹和唾液。并且，发现她的手提包里装着日记本，里面抄写有一首美化死亡的诗句。于是，警察把它当作遗书，认定此案为自杀。

可是，当死者的哥哥从首都渥太华赶来收尸，并顺便到山冈上看看妹妹死去的现场时，就马上向警察提出："刑警先生，妹妹不是自杀。

如果服毒自杀，也绝不会选择这种场所的。"

刑警大吃一惊，问他理由。他指着现场盛开的黄色野花说明了理由。之后，他又接着说出："罪犯一定是从妹妹那里抢夺了钱财而毒死她的。然后又移尸至此，伪造服毒自杀的假现场。至于那份所谓的遗书，其实是妹妹从小就喜欢诗词，早就抄到日记本上的。一定是罪犯拿到了妹妹的日记而利用了它。总之，请重新进行侦查。"

在他的强烈要求下，警察重新进行了侦查，几天后便抓到了罪犯。罪犯是个叫杰克逊的中年单身汉，是今年年初才搬到被害人住的公寓里来的。当他知道隔壁住着个小有钱财的寡妇后，便花言巧语地接近她，百般引诱。此后，正如被害人的哥哥所推理的那样，罪犯伪造她服毒自杀的假象，将尸体转移到山冈上的草地里。罪犯以为自己伪装得成功，但没想到由于被害人哥哥的出现而使事情败露。

奇怪的是，被害人的哥哥怎么一眼就看出现场的问题，对妹妹的死因提出疑问呢？

 参考答案

怪诞无比的推理

被害人的哥哥发现妹妹尸体所在山冈的草地里野草丛生，并盛开着黄色小花，因此对妹妹的所谓自杀产生了怀疑。因妹妹患有花粉过敏症，特别是猪草花的花粉更易引起过敏。如果来到开有猪草花的草地里，就会马上连续不断地打喷嚏，涕流不止。所以，她绝不会特意选择这种场所自杀的。

罪犯杰克逊搬进这所公寓结识她是今年年初。当时，北国的加拿大还是冰雪覆盖的季节，她并不会为花粉过敏而苦恼，即使到春天或夏天时，她也很少外出，这样杰克逊就不可能知道她患有花粉过敏症。因此，杰克逊毒死她后便粗心地将尸体转移到杂草丛生、盛开着野花的山冈上来。这使罪犯露出了马脚。

神秘的绑架案

某董事长的孙子被人绑架了，犯人要求索取 1000 万元的赎金。

犯人以电话指定如下："把钱用布包起来后，放进皮箱。今晚 11 点，放在 M 公园的铜像旁的椅子下面。"

为了保住爱孙的性命，所以董事长就按照犯人的指示，把 1000 万元的钞票放进箱子里，拿到铜像的椅子下。

到了 11 点左右，一位年轻的女性来了。她从椅子下拿了皮箱后就很快地离去了，完全不顾埋伏在四周的警察。

那个女的向前走了一段路后，就拦下了一辆恰好路过的计程车。而埋伏在那里的警车，立刻就开始跟踪。

不久后，计程车就停在 S 车站前。那个女的手上提着皮箱从车上下来。警车上的两名刑警马上就跟着她。

那个女的把皮箱寄放在出租保管箱里，就空着手上了月台。其中的一位刑警留下来看着皮箱，另一人则继续跟踪她。

但是很不凑巧，就在那个女的跳进刚驶进月台的电车后，车门就关了。于是无法继续再跟踪。

然而，那个问题皮箱还被锁在保管箱里，她的共犯一定会来拿。刑警们这么想着，就更加严密地看守那个皮箱。

但是，过了好久之后，都不见有人来拿，于是警方便觉得不太对劲，便叫负责的人把保管箱打开。当他们拿出箱子一看，里面的 1000 万元已经不翼而飞了。

你知道钱怎么不见了吗？犯人又是谁呢？

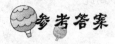

参考答案

犯人其实是计程车司机。那名女子事实上和绑票并没有任何关系，她只是受司机之托，从公园把皮箱拿走而已。计程车司机把里面的钱拿出来之后仍把空的皮箱交给那名女子，拜托她放在车站的保管箱里。当然他也给了那女子一些酬劳。

自杀还是他杀

星期六，一个学生在某酒店服毒自杀。翌日，酒店服务员发现了死者，便立即报告了主管。"是不是马上报警？"服务员问。"别那么傻。是他自己找死，我们何必去惹麻烦呢？只要警察一来，这件事便会宣扬出去，对酒店的声誉大有影响。"

"但尸体不能不处理呀！"

"丢在后面的公园里吧！那里是有名的自杀场所，上个月已经有一对情侣在那里自杀了，警察无非以为又多了一宗自杀案而已。"

午夜，当所有的旅客都睡着后，服务员和主管便悄悄地将尸体抬到后面的公园去。

他们在草丛中看到一张被人丢弃的报纸，便决定把尸体放在上面，然后将遗书塞入死者的口袋里，并把有毒的杯子放在尸体脚边，令人看来真像在公园自杀一般。而主管和服务员也做得十分利落，丝毫没有留下与自己有关的证据。

第二天早上，尸体被发现了。经验尸后，证实死亡时间应在星期六晚上9时左右。

老练的探长霍尼在观察过现场后便说："即使时自杀，但发生的地

点也绝不是这里。我揣测是有人怕麻烦，才将尸体迁移到此。"

你知道霍尼探长凭什么这样说吗？

报纸上的日期露出了马脚。因为死者在星期六（25日）自杀的，又怎会躺在星期日（26日）的报纸上呢？

难辨真伪的玉雕

一件名贵的玉雕正在博物馆展出，恰巧这几天天气晴朗，不少游客都赶去参观。快闭馆的时候，一个窃贼也混了进去。他背着照相机，拿着一把晴雨伞，趁人不注意的时候躲到了大厅的楼梯间里。不久，博物馆便清场了。

窃贼看到大厅里没有动静了，便蹑手蹑脚地钻了出来，从晴雨伞的伞柄中取出撬锁的工具，接着又从照相机套子中取出赝品。此时，外面刚好下起了大雨，风雨声遮盖了一切声音，小偷便趁机弄开展柜，换下玉雕，然后将一切恢复原状，又躲进了楼梯间。

第二天一早雨还在下，博物馆里的人比昨天少了一些，窃贼从楼梯间溜了出来，他看到游客们正在欣赏那赝品，不由得暗暗好笑，可是他撑开雨伞准备走出博物馆大门时，却被前来参观的罗根挡住了，罗根问他昨天晚上躲在博物馆里干什么？

窃贼做贼心虚，解释不清，罗根立刻说："跟我去趟警局吧！"

你知道罗根是从哪里看到窃贼的破绽了吗？

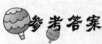 参考答案

其他人进来时雨伞都是湿的，而小偷的雨伞是干的，证明他待在这里一夜没出去。

指纹的秘密

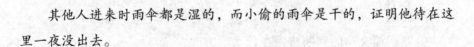

某中学的高二学生汉高同学是一位业余侦探迷，平时酷爱阅读各国的侦探小说，对福尔摩斯大侦探更是崇拜得五体投地，关于他的书籍汉高同学非看上几遍不可。有一次他在某本杂志上找到一篇介绍福尔摩斯

侦探事迹的文章，作者是这样写的：

福尔摩斯："奇怪，门内侧的钥匙孔，插了把钥匙，米力发现尸体时，有没有用手去摸过这把钥匙？"

米力："不，我没有摸，门本来是锁着的，打不开，所以我是从窗口爬进来的。"

福尔摩斯："好，那我们赶快查验指纹。"

福尔摩斯就在插进的钥匙上撒下了一些化学药剂，用放大镜来观察。

福尔摩斯："啊！钥匙的手把上，表面和背面都可以清晰看到漩涡形的指纹，好了，这可以和被害者的指纹比对了。"

福尔摩斯躺在床铺上，用放大镜来观察女尸右手的指纹。

福尔摩斯："啊！钥匙上的指纹与女尸拇指与食指的指纹完全相同。"

米力："这么说被害者是自己把门锁上自杀的？！"

福尔摩斯："正是这种情形，像这种案件，实在是用不着我这个名侦探来侦破。"

汉高阅读了这篇文章后，很生气地认为，这位大名鼎鼎世界唯一权威的侦探福尔摩斯会用如此错误的证据来判断这件案子，我相信他绝对不会这样的。

究竟这篇文章的判断错误在什么地方呢？

参考答案

问题就是钥匙上的指纹写错了。

"钥匙的把柄上，留有被害者拇指和食指的指纹，由此可知是被害者本身把门锁起来自杀的。"这种推断是错误的。

因为通常我们用钥匙开门时，使用的是拇指和食指，不过食指并不

是用指尖部分，而是用关节旁边部分，贴于钥匙的把柄，这样才能转动钥匙，因此钥匙的把柄处，应该留的是拇指指纹，而不会是留下食指指纹的。

"假如文章所写，留有拇指与食指指纹，那么案情就很明显，犯人是在故弄玄虚，制造被害者自杀的陷阱，把被害者的拇指与食指拿到钥匙上，故意在钥匙上留下死者的指纹，名侦探如福尔摩斯对此案例，不能明察秋毫，而妄下断语，确实令人感到不可思议。"

告密的人

一天，一个小偷来到 W 公寓，按了一下五楼某个房间的门铃，没有一点声响。他俯下身，刚想用万能钥匙打开房门时，房里传出了一个女人的声音："请稍候。"紧接着，她提高嗓门问了一声："谁？"

一会儿门打开了一条缝隙，露出了一个漂亮的脸蛋。

小偷一见，忙用力推开房门，一闪身挤进房间，用背顶着门。女郎一见，是个陌生的男人，惊恐地叫道："你想干什么？请出去，不然我要叫警察了！"女郎的话还没说完，小偷像饿虎扑食一般，冲上来紧紧扼住女郎的脖子。女郎拼命挣扎，一脚踢倒了身旁的小桌，上面的电话掉在了床上。不一会儿，女郎反抗越来越弱，最后无声无息地倒在了床上。

小偷见女郎昏死过去，忙拿过她的手提包翻了个遍，从里面找到 50 万日元。随后他掏出包里的钥匙，刚要打开衣柜的抽屉。

突然，房门被打开了，冲进来两个警察。他们看了看倒在床上的女郎，说："她是你杀的吧？你被逮捕了！"

小偷望着明晃晃的手铐，呆住了。他想：我作案到现在从来没有这样栽过跟头，杀死这个女人不过 5 分钟，窗户关着，帘子挂着，墙是厚

怪诞无比的推理

实的，女人的喊叫外面肯定听不见，是谁告的密呢？

请问这是为什么呢？

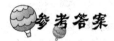

小偷在按门铃时，那个女郎正在和朋友通电话，"请稍候"这句话是她对电话中的朋友说的，因此她与小偷搏斗时，话筒摔了下来，她的喊叫通过话筒传到朋友那里，她朋友马上报告了警察局。

假警察

阿克塞是个盗窃犯，10年前，他在偷窃一家珠宝店的时候，碰到了防盗警报器，警察迅速赶到，把他抓了起来，法院判他坐了10年大牢。就在他刑满出狱之后的第二天，他又来到那家珠宝店门口，心里恨恨地说："哼！上一次我差点儿得手了，就是因为那可恶的警报器，这一回，我一定要想办法，让警报器失灵，偷走最值钱的珠宝，报10年坐牢的仇！"

怎样才能让警报器失灵呢？阿克塞想出了一个妙计。这一天，他经过化装，装扮成一个警官，来到珠宝店里。他对经理说："警察局最近接到情报，有一伙儿匪徒流窜到本市，准备抢劫珠宝店。为了加强防备，我今天来检查一下防盗警报器。"珠宝店经理一听，紧张地问："匪徒？他们有多少人？"阿克塞摸出香烟，用打火机点了，吸了一口，又轻轻地吐出几个烟圈，然后才傲慢地说："匪徒的人数嘛，我也不清楚。"

珠宝店经理搔了搔稀疏的头发，显出焦急的神色说："那……万一匪徒来了，我可怎么办呢？"阿克塞把烟灰一弹，大大咧咧地说："你

— 86 —

就放心吧，警方已经做好了充分的准备，只要防盗警报器一响，那两个坏蛋就别想溜掉！警报器装在哪里？快领我去！"

珠宝店经理一听，马上指着地下室说："警报器开关就在里面，您下去检查吧！"等到阿克塞一进去，经理"砰"的一声，把门反锁上，然后打电话报警："是警察局吗？我抓到一个假警官！"

珠宝店经理为什么会发现阿克塞是冒充的呢？

阿克塞原先说不知道匪徒的人数，后来又说漏了嘴，说有两个坏蛋，露出了马脚。

太平公主的珍宝

唐朝的时候，女皇武则天赏赐给太平公主许多珍宝，装满了两个食盒，价值几千两黄金。公主很高兴地吩咐把珍宝藏在公主府的仓库里。可任何人也没有想到，到年底却发现珍宝全被盗贼偷走了。公主马上报告给武则天，武皇大怒，立刻召见洛州长史："3 天之内捉不到盗贼，就问你死罪！"

长史吓坏了，立刻召来下属的两县主管捕盗的官员说："两天之内抓不到贼，你们就活不成了！"两县主管捕盗的官员领命回县后，马上向手下负责捕盗的吏卒说："一天之内必须抓到贼，如抓不到，先把你们杀了！"吏卒们害怕极了，可是又拿不出办法破案。

正巧，这天他们在大路上遇到湖州知府的师爷苏无名，因为一向知道他很有本领，就一齐邀请他到县府。县尉听说苏无名来了，连忙向他请教抓贼的办法。苏无名说："我请求和您一起去宫中面见陛下，到那

怪诞无比的推理

时候再说吧。"县尉答应了他的要求,他们马上进宫。苏无名对武则天
说:"请不要限定日期,把两县负责缉捕盗贼的吏卒,全交给我调遣。
两月个之内,保证可以为陛下抓住这些盗贼。"武则天早就知道苏无名
办案有一套,就答应了。

　　苏无名知道吏卒们抓贼的事缓到下月再办也不迟,便让吏卒们先回
家去各办各的事。大家都疑惑地回去了。到了三月寒食节那天,苏无名
把吏卒们都召集起来,吩咐说:"你们分别在各门守候。凡是见到有一
伙十几个胡人,穿着孝服出城,往北亡山去的,就跟上,看他们干什
么,然后赶快来向我报告。"

　　吏卒们分头守候在各门,果然发现有这样一群人出城,就跟在后面

观察。当看清他们的活动后，立即赶回城里报告苏无名说："胡人到一座新坟前祭奠，虽然哭泣，却不悲伤。撤下祭品后，就围着坟堆边走边看，还不时相对而笑。"苏无名听了，指使吏卒们把那群胡人全抓起来，挖开那座坟，把棺材劈开，一看，里边果然装的全是各种珍宝。

武则天听到破案的消息后，不禁大喜，立刻赏赐苏无名许多金银、绢帛，还给加官两级。

苏无名是怎样破这个案子的呢？

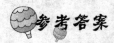

参考答案

原来苏无名到达都城的那天，正碰上这伙胡人"出殡"。他们送葬却不悲伤，有的还偷偷地笑，且送葬队伍中没有妇女儿童，苏无名便觉得这伙胡人出殡极不合常理，便猜想他们不是好人，有可能是盗贼，但又不知道他们埋赃物的地方。估计到寒食节扫墓的时候，他们必然还要出城。所以，只要跟着他们，找到那座墓，就可以来个人赃俱获了。

咖啡与毒杀

青年侦探萨拉里前往纽约市警察局造访，接待他的是警察局的刑事部长。

"部长先生，看您的神态是不是又有了什么特别棘手的案子？"

"是的，现在手头有一宗咖啡毒杀案，遇到些麻烦，案子毫无进展。其中至为关键的是凶手究竟怎么让死者服的毒这一点，始终难以确认。"

"你是否能说得更具体一点儿？"

这是一宗光天化日下发生在某公司内，且又是在众目睽睽之下巧妙行凶的谋杀案。

职员贝克拿着杯子起身去倒了一杯白开水，当回到座位上时，"哟，怎么喝起白开水来了，还是让我给你来杯咖啡吧。"一个女同事殷勤地说。

"哦，不用了，我是想吃片感冒药。不过吃药的归吃药，还是麻烦你再来杯咖啡吧。"贝克边说边从上衣口袋里掏出药包。

"要是泡咖啡的话，给我也来一杯。"坐在贝克邻桌的布朗也抬起头。布朗喜欢喝咖啡在公司内是出了名的。让布朗这么一嚷嚷，屋里所有的人都说要咖啡。女同事只好为每个人都准备一杯，另一位女职员也过去帮忙。这种情形在公司内是司空见惯的。

布朗从女同事伸过来的托盘中取了两杯，其中一杯递给了邻桌的贝克，然后从放在二人桌子中间的砂糖壶中取了两勺糖放在自己的杯中，再将砂糖壶移到贝克那边。布朗端起杯子只喝了一口就突然咳嗽起来，咖啡溅到桌前的稿纸上。贝克见状马上将自己喝药剩下的多半杯水递给布朗，布朗接过去一口喝尽，但痛苦愈发加剧，杯子也从手中脱落掉在地上摔碎了。

"喂，怎么了？"贝克快速奔过来抱起就要倒下的布朗，但布朗已经断气了。

"贝克这个人反应很机敏，他当即让把所有人的杯子包括布朗的在内都保管起来，所以当我们赶到时现场也保护得很好。"刑事部长向萨拉里说道。"经鉴定，放有毒的只有布朗的杯子，其他人的杯子及砂糖壶上都没有化验出有毒。当然两名女职员一度被怀疑，但倒咖啡和送咖啡的都是两个人一块做的，而且一个个杯子又难以分辨，所以除非两个人是同谋，否则很难将有毒的一杯正好送给布朗。两个女职员既无杀害布朗的动机，也无同谋之嫌。"

"邻座的贝克也无杀人动机吗？"萨拉里问道。

"有。听说此人与布朗玩纸牌欠了他很多钱。两个人虽然是邻座，桌与桌之间乱七八糟地堆放了许多东西，但贝克要想不被发现往布朗的杯子里放毒是不可能的。"

"说是布朗死前将咖啡溅到了稿纸上，那稿纸保管起来了吗?"

"我想是的。"

"那么就去化验一下稿纸，另外布朗杯子里剩下的掺毒的咖啡我想也取证收起来了吧!"按照萨拉里的意思，一小时从鉴定科出来的刑事部长高兴地说:"真是意外，果然不出你所料。"

那么，贝克是怎样毒死布朗的呢?

参考答案

贝克将两人共用的糖壶中的糖换成了盐。布朗喝了加盐的咖啡之后不由得咳嗽起来。实际上这时候的杯子里尚无毒药，在场的人不过是事后回忆起来以为是因中毒而出现的痛苦状，而真正掺毒的是贝克递给布朗的那杯水。他大概是佯装吃药弄了一杯水，再偷偷将毒药放入杯中溶化。至于布朗杯子里的毒毫无疑问是布朗死后贝克趁众人慌乱之际将剩下的毒药放入布朗杯中的。"

"所以，从溅到稿纸上的咖啡沫中没有化验出毒物。"

"正是这样，而且为避免生疑，他自己肯定也喝了加盐的咖啡。"

台历上的数字代表什么

莱姆警长接到巴特夫人打来的报警电话:巴特先生被绑架了。

巴特是沙布尔镇的首富，拥有百万家产。莱姆警长驾车赶到了巴特的乡村别墅。

巴特夫人告诉莱姆警长: "两小时前我接到一个陌生人的电话，

怪诞无比的推理

说：'巴特现在还活着，如果你希望巴特继续活着的话，那么请付给我20万元。'接到电话，我才知道巴特被绑架了，那是昨天晚上的事。"

莱姆警长问："昨天晚上您在哪儿?"巴特夫人说："昨天我到姨妈家去了，今天上午才回家，想不到会发生这样的事情。"

"罪犯没讲过以什么方式交付赎金吗?"莱姆警长问。

"他只是让我把20万元准备好，什么时候交钱，交到什么地方，他说：'我会再给你打电话的，如果你报警的话，巴特的脑袋就跟身子再见了。'"巴特太太抽泣着说。

莱姆警长又询问了巴特的仆人，仆人说："没看清绑匪的脸，印象中来人40多岁，戴着墨镜，帽檐压得很低……但从巴特先生把来人带

进书房这一点可以看出，来人肯定是先生的熟人，因为先生从不将陌生人带进书房。"

莱姆警长见再也问不出有价值的线索，就开始了搜查。书房里没发现外人的痕迹，即使在明显是"客人"用过的咖啡杯上也没留下指纹。鞋印留下了，但明显是经过处理的平底光面鞋，从这儿无法打开缺口。窗子打开了，从窗子到别墅的后门处，留下了巴特的脚印和"客人"的平底光面鞋印。

"看来，罪犯是逼迫巴特先生从后门出去的，但这并不重要，重要的是这本台历。"莱姆警长对巴特夫人说，"这上面潦潦草草地写着'7891011'，夫人，昨天您离开巴特先生之前，看到过台历上有这些数字吗？"

"没有，巴特没有往台历上记事的习惯。"

"那么，这说明这串数字非常重要，很可能，这串数字代表罪犯的名字或者是地址。夫人，你知道巴特先生得罪过哪些人？或者您提供一个可疑分子的名单给我……"

"麦克尼尔、舒特、加森、利查斯……可是，巴特所得罪的人不一定就是绑架者呀！"巴特夫人不解地问。

"您已经把罪犯的名字告诉我了。"莱姆警长笑了笑说。

后来，警长果然凭此线索抓到了绑匪，并在绑匪家的地窖里找到了巴特先生。

你知道绑匪是谁吗？莱姆警长又是如何将这串数字与绑匪联系起来的呢？

参考答案

当罪犯逼着巴特从后窗出去，打开窗时，巴特看见桌上的台历，飞快地在台历上记下了一串数字，但巴特怕被罪犯发现，没敢直接写上罪

犯的名字，而是采用了数字代码。7、8、9、10、11 这一串数字有什么意义呢？在英语里，这正是 7 月、8 月、9 月、10 月、11 月的字头：

J—A—S—O—N，"根据这条证据，我将逮捕 Jason（加森）！"

警长逮捕了加森，并从加森的地窖里找到了巴特先生。

火柴盒上的地址

杜三郎为躲债搬到了一个秘密住所，可还是被债主中村发觉了。这天夜里 10 点钟，杜三郎正在客厅里看电视，中村找上门来，他嚼着口香糖，提出索还债款。杜三郎一面央求他宽限一点时间，一面从冰箱里取出啤酒，倒进酒杯，请他喝。趁中村不注意，抄起空酒瓶砸在他头上。中村受到突如其来的一击，一声也没吭便倒地身亡了。

杜三郎从车库把汽车开出来，再把尸体装进行李箱，开到很远的 S 公园把尸体抛进池塘里。凌晨两点回到家，又把房间打扫得干干净净，桌椅、啤酒杯、大门把手及门铃的按键都擦了又擦。这样，中村来访的痕迹一点儿也没留下。

由于神经过分紧张，杜三郎吃了安眠药才入睡，第二天醒来已是傍晚时分了。门铃又响了起来，杜三郎开门一看，有两个刑警站在那里。

"昨晚有个叫中村的到你这儿来过吗？他的尸体今天早晨在 S 公园的池塘里被发现了，他上衣口袋里的火柴盒背面写着你家的地址。"

"不。昨天晚上没有任何人来我家，我和中村先生很长时间没见面了。"杜三郎故作镇静地回答。然而，刑警们却轻蔑地笑着说："这可奇怪了。实际今天上午我们已经来过一次了，怎么按门铃也没人开门，以为你家里没人就回去了。赶巧，在大门前我们拾到了一个很有趣的东西。经鉴定正是被害人掉的。"刑警从衣袋里掏出一个小玻璃瓶，让杜三郎看里边装的东西。杜三郎见罪行已被揭露，只好从实招供。

你知道到底是什么东西吗？

参考答案

小玻璃瓶装的是中村吐到大门外的口香糖渣，而上面有他的唾液及齿型。何况，那糖渣上还没落上灰尘，很清楚地表明是非常新的糖渣。杜三郎在灭迹时疏忽了中村来时嚼着口香糖的。

谁抢劫了护士

一位男护士在街上挨了一闷棍被抢劫，现在躺在医院里昏睡。离案发时间不到一小时，有3个人被带到警局侦讯室。

贝克街的箫声探长对第一个嫌疑人A说："A先生，今天早上在卡姆登路发生了一桩抢劫案，一名护士被打昏在摄政公园入口附近。这个抢匪抢走了被害人的钱包。摄政公园路口设了一台测速照相器。在案发3分钟内，相机照到3辆超速行驶的车子。这就是为什么你会在这里的原因。A，说说看你今天为什么如此惊慌地超速开车？"

"探长先生，"40来岁的A干咳了几声，"我并没有伤害任何人啊，我希望那个护士先生能赶快好起来呀！我是个生意人，我当时只是急着开车要去机场接客户而已。我6：30起床，不到7：00就赶着出门了。"

第二名嫌疑人是30岁出头的银行职员B，"你说的行凶抢劫案跟我无关啦，"B说道，"我前晚带着女友去阳明山夜游，一大早得赶快把她送回家，免得被她家人发现。后来我突然尿急，想到卡姆登路附近有麦当劳可以上厕所应急，所以车速可能快了一点。"

第三名嫌疑人C虽然块头高大，但根据他自己的说法似乎是个温柔的好人。

怪诞无比的推理

"抢劫案不是我干的，我不是那种恃强凌弱的人。每次看到护士我都会过去问问有什么要帮忙的，我最尊敬白衣天使了。"C的口气十分坚定，"我是专程北上来照顾我姑妈的。我照顾了她4天，见她好很多了，所以吃完早餐后我就急着开车回家了。"

经过电话调查，A的家人证实他是在7：00以前出门的。B的女友支支吾吾，后来也坦承了一切。C的姑妈说辞和她侄儿符合，她还说她侄儿非常善良，连一只蚂蚁也不会伤害的。

贝克街的箫声探长沉思了一会儿，然后笑着把其中两名嫌疑人释放了，留下一位再次带进了侦讯室。

你知道贝克街的箫声探长怀疑谁了吗？

参考答案

抢匪是A。A说的一句话"我希望那位护士先生能赶快好起来呀"。在整个侦讯过程中，黄探长只提到受害人是护士，但未提及其性别；一般人多半会以为这位护士是女的，为何A会知道受害护士是"先生"呢？由此可见，A一定"看过"受害人，所以他是抢匪的嫌疑最大。

水落石出的冤案

明朝的时候，广州揭阳县内发生了一起人命案。县官朱一明询问了前来报案的两男一女，其中一个长得眉清目秀的青年男子首先开口说道："小人姓周名义，以贩布为生。3天前，我与好友赵信商定去外地买布，定了艄公张潮的船，约好第二天清晨在船上会齐，可是那天早上我来到船上左等右等，就是不见赵信的影子。我急忙让张潮去唤他。张潮去到赵家，谁知赵信清早就离家出走，不知去哪里了。我们怕出意外，便在附近找寻了3天，但至今不见人影。"

周义刚说完，另一男子接着说道："小人叫张潮，是个船夫，靠摆渡为生。3天前，赵信和周义来雇我的船，说是次日要去外地买布。第二天一早，周义来到船上不见赵信，便让我去找他。我在赵家门口连叫三声赵家娘子，赵氏才磨磨蹭蹭地打开门。她对我说，赵信天不亮就走了。"

朱一明听完了两个男人的述说，又打量了那个女子一眼，问道："你可是赵信的妻子？"

女子低声答道："是。那日晨起，我家官人带了500两银子便匆匆出家门。等到张潮来寻他时，我才得知他去向不明。我们连续寻找了3天，都毫无踪影。想必官人是遭人陷害了，盼望大人替小妇做主。"说完，她抹了把挂在腮边的泪珠。

朱一明暗自思考着：赵信老态龙钟，很难讨得比他小许多的赵氏的欢心；周义少年英俊，倜傥风流，怎能不寻花问柳、爱慕佳人？一定是周义与赵氏有了隐情，合谋杀害了赵信。于是，朱一明命差役对周义和赵氏施用重刑。两人受刑不过，只得招供，被投入死牢等待重刑。

怪诞无比的推理

这时，朝廷大臣张居正巡察来到了揭阳县。他读罢案卷，感到事情蹊跷，决定亲自重审案犯。大堂之上，周义口喊冤枉，说自己是清白布商，从未有过不轨行为，更不敢夺妻杀人；赵氏也连声喊冤，恳望青天大人明察事实真相，抓获真凶为夫报仇。张居正看他们的样子不像有假，便又差人叫来船夫张潮。

"张潮，你把那天的经过再说一遍。要如实讲来！"张居正盯视着张潮。

"是，大人。"张潮并不惊慌，又把那天讲给宋一明的话对张居正复述了一遍。

张居正听后"嘿嘿"冷笑道："好你个大胆贼人，还不从实招供！"

张潮顿时心慌意乱，语无伦次，只得交代了杀人夺财的经过。原

来，那天清晨，赵信带着500两银子先于周义来到船上。张潮见财顿起歹意，趁赵信不备，用石头将他砸死，夺了银子藏好，随后又把尸体绑上重石沉入河底。周义来后，他谎称没见过赵信，还假意上门寻找。他自以为无尸可查，就可以免罪了。谁知张居正断案认真，发现了破绽。

张居正发现了什么破绽，进而断定张潮就是杀人凶手呢？

因为周义是让张潮去叫赵信，而来到赵家敲门时却直唤"赵家娘子"。张居正推断，此时，张潮一定已经知道赵信被人杀死了，不然，他是不会不唤赵信开门而唤"赵家娘子"开门的，因为这不合情理。

古堡里的凶杀案

立昂先生是位百万富翁，最近他买下了一座古堡，将它改造成古色古香的酒店，吸引了不少游客。但酒店经常发生神秘的自杀事件。神探亨特和助手乔装以后，住进了酒店，决心查明真相。

立昂热情地接待了他们，将他们安排在第五层的508房间。当3人来到第五层时，亨特看见房间旁边有一扇大铁门，便问立昂那是什么地方。立昂说："想参观吗？请帮我拉一下。"两人一起用力拉开了沉重的铁门。铁门内是一个漆黑的无底洞。立昂笑着介绍说："这洞是500年前用来处死犯人的，最近有些客人也跳进这洞自杀了。"3人退了出来，关上铁门。进了508房间，亨特悄声嘱咐助手要注意立昂。

晚上，他俩和衣躺在床上。半夜时分，门外突然传来一声惨叫，亨特一个箭步冲出房间，只见那扇铁门大开。一会儿工夫，不少游客聚拢过来，大家议论纷纷。这时，立昂从自己的卧室走了出来，他难过地说："306 房间的客人想不开，跳下去自杀了。"亨特的助手打断他说："住口！这是谋杀，你就是凶手！这门一个人根本拉不开，他怎么会打开铁门跳下去自杀呢？""那你凭什么怀疑是我杀了他呢？"狡猾的立昂反问道。

神探亨特掏出证件亮明身份，并对大家说了一番话，立昂像泄了气的皮球一样瘫在地上。你知道神探亨特说了些什么吗？

参考答案

无底洞漆黑一片，立昂还没有去看死者是谁，就说是 306 房间的人自杀了，可见他就是凶手。

谎言与真相

S 高原的别墅圣地比往年提前半个月下了第一场大雪。这是 30 厘米厚的积雪。

大雪是在星期六早晨 6 点钟停的，可中午刚过，在被大雪封门的圆木造的别墅里，却发现了广播电台的作家梅本大作的尸体。发现者是从东京刚来到的梅本的夫人。他的胸部、腹部被菜刀砍了数刀，倒在血泊里。推断死亡时间是当天上午 9 点左右。

被害人几天前为写一部电视剧一个人来到这里。房门的后门戳着一副滑雪板。上午一直有积雪的新雪上面留着两条滑雪的痕迹，那滑雪板的痕迹一直通往离此处有 40 米远的一所红砖别墅。去那幢别墅一直是上坡路。

红砖别墅里住着一位电视演员小池美江子，她是一个人来此静养的。刑警很快访问了她。当问到与被害人的关系时，她并没有露出反感

之情，做了如下回答：

　　"星期五中午梅本来到我的别墅，不久下了大雪，于是就在我这里过了一夜。今天早晨起来一看，大雪已经停了，我们一起喝了速溶咖啡，8点钟左右，他回自己的别墅去了。因为说是中午夫人要来，害怕和我的关系败露，他便慌慌张张地离开了。"

　　"你门外面的滑雪痕迹是他回去时留下的滑雪板痕迹吗?"

　　"是的。我家有两套滑雪板，一套就借给了梅本。因他不太会滑雪，抬起屁股、似站非站地滑回去了。"

　　"你滑得好吗?"

　　"一般还滑得来，可昨天开始有些感冒，积雪以后就还没出过门。

证据就是我的别墅周围除了梅本回家的滑雪板的痕迹外再没别的痕迹。"小池美江子强调说雪上没有留下自己的脚印。不错，正像她说的那样，在积雪30厘米厚的雪地上，只留有梅本从美江子的别墅沿着斜坡回到自己别墅的滑雪板的痕迹，没有其他任何滑雪和鞋子的痕迹。

梅本的滑雪板痕迹也不是一气滑下去的，中途好像多次停下来的样子，左右滑雪板的痕迹或是离开较宽或是压在一起，显得很乱。他果真滑雪技术很差。

梅本在自己别墅被杀的时候，已经是3个小时之前。雪停之后，如果作案后罪犯从现场逃跑的话，当然会在雪地上留下足迹的。可夫人发现了丈夫的尸体时，不知为什么并没有那种足迹。

这样的话，仍然是小池美江子值得怀疑。于是，警察严厉地追问她。

"被害人的夫人说一定是你杀害了他，你要和被害人结婚，然而被害人又没有与妻子分手的勇气，你讨厌他这种犹豫不定的态度，一赌气杀了他的吧?"

"那是夫人胡说。雪停之后我一步也没离开过自己的别墅，不可能去杀人呀!"美江子很冷静地反驳着，但她的犯罪终究还是被揭穿了。

关键问题就是她别墅门外的那棵松树，松树上的积雪有一半落在地面上，刑警发现后揭穿了她那巧妙的手段。

那么，那是什么手段呢?

 参考答案

说梅本昨天夜里在小池美江子的别墅里过夜，这纯属谎言。他在下雪之前就一直在自己的别墅里了。星期六早晨，雪停之后，美江子滑雪来到梅本的别墅。但当时是使用了单只滑雪板的。并且，在自己别墅门前的那棵松树上拴了一条绳子，一边放开绳子一边滑下来的。当到了梅

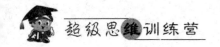

本的别墅后，为了不让绳子碰到雪面，把绳子拴到了后门的柱子上。

　　作案返回时，又拉着那条绳子，边往身上缠绕，边用单只滑雪板缓慢地爬上斜坡返回自己的别墅。这样，雪地的斜坡上就只留下了两条滑雪板的痕迹，伪装得好像真是梅本自己从美江子别墅滑雪回去的痕迹。梅本别墅后门戳着的两只滑雪板，是美江子听了要下大雪的天气预报后，前一天事先拿到这儿的。滑雪板痕迹之所以很不规则、不自然，是拉着绳子用一只滑雪板往返造成的。还因拉着拴在树上的绳子往返，松树被拉得摇摇晃晃，所以枝叶上的积雪落到了地上。

第四章　天衣无缝找谜底

厨房里的谋杀

　　在一幢洋式小红楼二楼的客厅里，周彪正在请刘岱喝酒。他们是师徒关系，周彪是师傅，刘岱是徒弟。现在，奶黄色的圆桌上已摆好了几道凉菜和一瓶老窖。

　　"来，喝吧。"周彪端起了酒杯。

　　"哎，等等，嫂子呢?"

　　"她在厨房。"周彪放下酒杯，递给刘岱一支香烟，然后朝楼下厨房喊道，"姚云，菜炒得怎么样了?"

　　从厨房里传来了"哐哐"的剁菜声和一个女人的声音："你先吃吧，我就来。"刘岱听出了是姚云的声音。

　　"来，喝吧。"师徒两人对饮起来。

　　"这是好酒，是你大嫂特意为你买的，来，别撂筷子。"周彪不停地劝酒。

　　"嗯，真是好酒。"刘岱虽喝不出个好赖，却还是连声应着。两人正喝在兴头上，突然，楼下传来了骇人的惨叫声。

　　"不好!"周彪惊叫着跑下楼去。刘岱也跟着跑了下去。

怪诞无比的推理

— 103 —

厨房里惨不忍睹：姚云仰卧在血泊中，胸口正中插着一把尖刀。

周彪见状悲痛欲绝，但很快又镇静下来。他对刘岱说："小刘，你帮我看护现场，我去报案。"很快，市公安局刑警队队长翟勇和侦查员小金驾驶着摩托车赶到了案发现场。翟勇和小金仔细勘查了现场，对尸体拍照，并询问了周彪和刘岱。

"姚云是什么时间被害的？"翟勇问道。

"刚才，不超过10分钟。"刘岱抢着回答。

"你们进到厨房时，凶手已经逃走了，是吗？"

"对。"周彪和刘岱同时答道。

"被害人当时就死了吗？"

"嗯，我看见血流满地，姚云一动没动。"刘岱说完，把目光投向周彪，似乎是让周彪肯定一下自己的回答。

周彪没有答话，双眉依旧紧蹙。

听刘岱谈到血流满地，翟勇又俯身凝神注视着尸体下面的血迹。

"血泊？噢……"

翟勇蓦然一喜，但表面未露声色："小金，你和他们上楼去，把立案报告填上，我再勘查一下现场。"

几个人来到客厅。周彪擦去挂在腮边的泪珠，沏了两杯龙井茶，端到他们小金和刘岱面前。刘岱正欲劝慰周彪，忽然，从楼下厨房里传出了"哐哐"的剁菜声，接着是一个女人的声音："你先吃吧，我就来。"

刘岱听出这正是姚云的声音，不由得毛发竖起，"见鬼了，难道……"

就在这时，周彪飞身蹿出门去，正迎着上楼的翟勇。周彪一个饿虎扑食，直向翟勇压下去，只见翟勇机敏地一闪身，周彪"扑通"一声重重地摔倒。还未等周彪爬起来，紧跟而下的小金便把一副手铐一下铐在了周彪的手腕上。

这一切来得如此突然，让刘岱懵懂不已。当他看见翟勇从厨房取出一台录音机时，又似乎明白了。

在审讯室里，周彪交代了自己喜新厌旧谋杀妻子的罪行。

翟勇是怎样推理破案的呢？

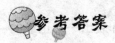
参考答案

周彪和刘岱听到惨叫声就往厨房跑，最多用十几秒。而在这短短时间内，现场根本不可能血流成泊的。加上翟勇又在现场上找出了录音机，这便证实了他的推断。因此，他又继续顺情推理，认为最有条件伪装现场的人只有周彪，而能够证明周彪在犯罪时间内不在犯罪现场的人只有刘岱一个人，而刘岱又恰是被周彪请来做客的。翟勇因此认定谋杀姚云者就是周彪。

知名不认人

商父是宋朝时期临城县的县令，一向以刚直不阿、善断奇案著称。

一天，商父派人抓住了一个叫黑风的大盗，这个大盗自知性命难保，想临死前治一治商父，与其做一次智力较量。于是，他便想出了一个十分阴险的主意。

县衙里有个叫秦鬼的狱吏，此人非常贪婪凶狠。他经常收礼受贿，哪个犯人若不送好处给他，他便对哪个犯人拳脚相加。这天，秦鬼来到大盗黑风的牢中，黑风忙凑上去对秦鬼说道："我活不了几天了，临死前想送你点东西，就怕你不敢要。"

"啥东西？快说吧。"秦鬼一听大盗要送东西，眼睛瞪得溜圆。

"这财宝不在我身边，会有人给你送来。"

"谁？你倒是快说！"

"别急嘛，事情是这样的："黑风瞅瞅外面没人，说道，"这财宝都在那些富户人家里，我前些日子想盗没盗成。你只要给我开一个这些富户的名单，我就叫他们把财宝给你送来。"

秦鬼越听越糊涂，又问道："这是真的？"

黑风看秦鬼那贪婪的样子，心里直发笑，但脸上却装出一本正经的样子，说："老爷再问案的时候，我就把名单上的富户都供出来，说他们都替我窝藏过赃物。到那个时候，老爷会把他们都抓到堂上，审问时，他们都不会认罪。这样，他们就会被押到这个监牢里，由你来看

管。你想，他们这些富户有的是钱，一定会纷纷给你送礼，请你给予照顾的。"

"太妙了！"秦鬼乐得手舞足蹈，咧开大嘴笑了。他很快开了个名单，递给黑风说道："事成之后，少不了你的好处，我一定亲自买些好酒好肉来犒劳你。"

"小弟理当效力，日后还望哥哥多多照顾。"黑风目送秦鬼走后，禁不住乐出声来。

几天后，商父开始审理黑风盗案。商父发现，黑风并不惧怕，似乎早想到了自己的结局。商父盯视着黑风问道：

"你是什么地方的人？"

"流落江湖，四海为家。"

"叫什么名字？"

"没有大名，人称恶鬼黑风。"

"犯了什么罪？"

"盗窃。"

"盗了多少财宝？"

"数不尽，查不清。"

"赃物都被你藏到什么地方了？"

"都藏在我的那些窝主家里。"

"他们是谁？"

"李廷、刘功、王璐……"黑风像背口诀似的一口气念出了七八个名字。

商父舒了口气，心想，今天这个案子审得实在痛快。他命秦鬼把黑风押下去后，心头忽然飘过一丝疑云：这黑风是个有名的大盗，怎么这么容易就交代了实情，其中一定有诈。

怎么办呢？月光下，商父独自一人在庭院里思忖着。终于，他想出了一个主意，立即叫来值班的捕快，命令他们连夜把黑风供出的那些人全部抓来。

第二天清晨，捕快们把那些"窝主"带到大堂上，这时，商父也早早起床来到大堂上。商父没有审问这些"窝主"，却让他们跪在大堂上等候。不一会儿，黑风被带到了大堂上。商父指着这些"窝主"，只问了黑风几句话，黑风便被迫说出了事情的真相。于是，商父便把那些

"窝主"释放了，将秦鬼重打40大板，革去职务，又把黑风斩首示众。

商父是怎样迫使黑风说出实情的呢？

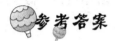

商父对黑风说道："我按你提供的名单，把这些'窝主'都抓来了。现在你来看看，这些人里有没有抓错的？"

"就是他们，一个也没错。"黑风只扫了这些"窝主"一眼，便肯定地答道。

"好，现在我来问你。"商父指着最边上跪着的一个人问道，"他叫什么名字？"

"他……"黑风干眨巴眼睛说不出话来。

"我再问你。"商父又指着中间跪着的一个人问道，"他是谁？"

"他是……"黑风还是答不出来。

"好了，不要再装相了。"商父厉声喝问道，"那些名字被你记得烂熟，却又不能把人和名字对起来，岂不是怪事吗？还不从实招来！"

黑风低下了头。他承认自己失败了，不得不交代出事情的真相。

河边的谋杀

在大峡谷河上游发现了古代遗迹。于是，文物工作者波特、亚瑟和斯特劳三人组队前往考察。一天夜里，波特一人外出调查后便再也没回旅馆，大家都很为他担心。第二天上午，波特的尸体在河边的悬崖下被人发现了，看上去像是死于坠崖，纯属意外事故。

经法医鉴定，波特死于昨晚10点左右。勘察现场时，发现死者右手边的沙地上写着一个"Y"。

"这是临终留讯，是死者被杀前将凶手姓名留下作为线索吧？"朗波侦探问道。

"那个叫亚瑟的很可疑，因为他名字的开头是'Y'。"警官说道。

亚瑟辩解说："别——别开玩笑了，我一直待在旅馆里，怎么会杀波特呢？"

"等等，先生，被害者是颈骨折断后当场死亡的。昨晚10点你在哪儿？"

"我一个人在房间，没有办法提出证明。不过，如果我有嫌疑，斯特劳也有嫌疑。"

斯特劳生气地说："你在胡说什么？"

"不对吗？昨天波特偶然发现了许多陶偶，你要求和他共同研究，结果遭到拒绝。"

"我承认，但你也说过这话。还有那个叫拉维尔的老头也很可疑。"

警官追问："哪个拉维尔？"

"就是那个对乡土史很有研究的拉维尔。他一个人默默地调查遗迹，我们加入后他很生气，对我们提出的问题，他一概不回答。"

警官双手环抱胸前，不知在想什么。突然，朗波有了新发现："被害者把手表戴在右手腕上，那么亚瑟先生，波特应该是个左撇子了？"

"对！"

"嗯，还有一个问题，斯特劳先生，你和波特认识多久了？"

"昨天才见面的。"

"很好，凶手是谁已经很清楚了。"

那么，到底凶手是谁？是如何判断的？

参考答案

被害者是颈骨折断后当场死亡的，他根本不可能在地上留下字迹。

怪诞无比的推理

所以，"Y"字是凶手写的。可以肯定不是拉维尔，因为拉维尔根本不认识3位考古者，当然不可能知道"Y"这个字母。亚瑟也不是凶手，如果是他，就不会留下自己名字的符号。不错，凶手是斯特劳，他将3个人中的一个杀害，嫁祸于另一个人，目的是将3个人的研究成果据为己有。

神秘的中毒事件

宴会的气氛相当热烈，就连张平和肖欣这两个冤家对头都没有表现出敌意。相反，肖欣主动坐到主人张平的旁边，以表示他的友好。

这时张平站了起来："今天难得大家捧场，不喝点酒怎么行呢？"于是他走到后边去拿了酒和一些杯子来。大家纷纷上去各自拿了一个杯子，然后张平把酒瓶给了肖欣："你来倒酒吧，以前的恩怨就随这杯酒都算了！"肖欣有点意外地接过瓶子，给每个人倒了酒，却不经意地看看张平的夫人。张夫人的脸色瞬间变得雪白，扭开头去。其实在场的人都知道，当初张平和肖欣结仇就是因为肖欣和他老婆有点……不过现在看到他们和好，大家还是很高兴。肖欣倒完了酒，回来坐在张平的右边，张夫人反倒坐在肖欣的右边了。

这时张平看看表，突然说："不好，我忘了个重要的约会了，我陪大家喝两杯就走吧，这第一杯，就当是敬肖欣的吧！"说着站了起来，挨个儿给在场的人敬了酒。在场的各位也都站起来喝了一杯。肖欣见张平这样子，也端起杯子站了起来，说："我也敬大家一杯，"说着端着杯子也挨个儿敬酒，就在这时候，突然停电了！其实也就那么几秒钟时间，然后灯又亮了。大家虚惊一场，都坐下继续喝酒吃东西。猛然间肖欣脸色一变，身体往后便倒！张平和他坐得最近，连忙上前扶住他，却见他的脸色顿时就变了："死了！中毒死的！"他立刻转身端起肖欣的酒杯，闻了闻，说："氰化物中毒。"

大家都知道张平是学医的，他说是中毒就是了，而且从死者的脸色很容易看出来。大家立刻乱起来，有人去打电话，有的保护现场，有的陪张平把酒杯用塑料袋装起来，等警察来查证。

X 侦探很快就赶到了现场。警察仔细地检查了酒杯，确定是有毒。似乎很明显是当时坐在他旁边的张平夫妇最可疑了。但是张平一点也不慌："你们认为是我杀了他对吗？但是这里的人都可以作证，酒是他自己倒的，杯子也是大家乱拿的。而且停电的当时肖欣站了起来走出去了，杯子他端在手里的，我一直都坐着，如何把毒下到杯子里不被他发现呢？"

X 侦探却摇摇头，说："不可否认你确实很聪明，不过我知道你就是凶手！"

你能证明为什么他是凶手吗？

参考答案

毒没有放在杯子里的，而是下在凶手自己的餐具比如刀叉上的，他趁停电的时候把有毒的餐具和死者的交换，死者用有毒的餐具吃东西后中毒而死。杯子里的毒可以是他在假装检查杯子的时候下的。所以凶手是房间的主人，因为只有他才能设定停电的时间。

死囚读《圣经》

400 多年前，英国有个名叫阿奇·阿姆斯特朗的惯盗，一次因盗窃王室珍宝而被詹姆士侦探抓获，法庭判他偷盗有罪并处以极刑。

当时英国国王是詹姆士六世，他在位期间因钦定《圣经》而闻名，

怪诞无比的推理

同时还善于倾听臣民的意见。罪犯阿姆斯特朗得知詹姆士六世有这么个特性后，就想出了一个求生的主意。他对狱卒说："听说国王钦定的英译《圣经》已经完成了，我现在还没有见过《圣经》，作为对世界最后的留恋，我想把《圣经》读完后再死，请求您替我向尊敬的国王说说看。"狱卒把这件事报告了上级，然后这件事就传到了国王的耳朵里。

"满足他的愿望吧，在他读完《圣经》之前，暂停执行死刑。"

经国王的许可，崭新的《圣经》送到了阿姆斯特朗手上。接过《圣经》后，他对詹姆斯侦探讲了自己的阅读计划，詹姆斯顿时醒悟了，原来国王上当了。

他的计划是什么呢？

参考答案

阿姆斯特朗对詹姆斯说："我得慢慢地品味着读，每天大约一行左右。"詹姆斯问："那不是需要几百年吗？"阿姆斯特朗说："国王陛下许可我读完《圣经》再被处死，并没有讲读完的期限啊！"

野炊凶杀案

5个人，一个是公司总经理，一个是他的朋友心理医生，一个是总经理老婆，一个是总经理老婆的妹妹，一个是总经理老婆的妹妹的男朋友。

一天，5个人驾车去野炊，总经理开车，老婆在总经理旁边，第二排是妹妹和男朋友，第三排是心理医生。车开到了荒郊野外，总经理看了看车外，又看了看后视镜，说了一声："好美啊！"可当时的情景其他人都不觉得美。来到野炊地点，总经理和心理医生一起去爬山了。妹妹和男友又去了别的地方看风景，只剩总经理妻子一人。

再说总经理和心理医生，爬山爬到一半，总经理觉得有些上不来气，呼吸困难。经心理医生观察需要上医院观察治疗，于是二人停止了登山。回到山下，总经理和妻子商量后决定先走，妻子留下字条，叫妹妹和男友自己乘车回家。他们3个人先走了，由妻子驾车来到医院把一切安顿好，这时他们接到一封电报，说妻子的母亲亡故了。总经理叫妻子先去，等他自己身体好了再过去。就这样妻子自己驾着车去了娘家。开到一处偏僻小路。看见一辆轿车停在前面，由于路窄，只能一辆车通过。于是妻子下车上前询问并叫其把车道让出，这时车上跳下一黑衣男子，全身黑，黑裤黑衣黑头套黑眼镜，不过戴了个白口罩！他步步逼向总经理妻子，把她逼到一处悬崖边……她在临死之前说了一句：你的眼镜好熟啊！

3个月后，总经理病好了，约好和心理医生一起去散心，地点就是他妻子遇害的地方，总经理先到了。这时，心理医生在背后拍了拍总经理。总经理吓了一跳，回头一看笑着说："哦，原来是你啊！"

请问，是谁杀了总经理的妻子？为什么？

参考答案

杀总经理妻子的是心理医生。

杀人动机：总经理和心理医生是同性恋者，这是情杀。

判断理由：

1. 总经理和心理医生一起去看风景，居然留下妻子一个人。说明总经理和妻子关系一般，至少不是很在心的那种。

2. 总经理的妻子发现眼镜很眼熟，说明眼镜只能是非常熟悉的人的，比如自己的丈夫的。

3. "3个月后，总经理病好了，约好和心理医生一起去散心，地点

怪诞无比的推理

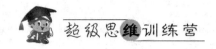

就是他妻子遇害的地方。"

总经理的妻子被害，但总经理却有心思邀请心理医生到他妻子遇害的地方散心，这有点莫名其妙。在这么简单的人物关系里（案件只能是这几个人做的，没有其他可能），这种情节安排只能是庆祝他们的胜利。总经理和心理医生有特殊关系，二人是同谋！同谋才会约在这种地方！

鉴于总经理一直在医院没有杀人的机会，那么杀人的只有可能是心理医生。心理医生愿意帮总经理杀他的妻子，比较可能是情杀。也因为这层关系，心理医生可能用总经理的眼镜来掩饰杀人。所以杀总经理妻子的是心理医生。

将军的离奇死亡

某国的将军发动政变未遂，结果被当局永久性地软禁在别墅内，派有严密的警卫把守。

将军见外逃无望，整天只能与爱犬为伴，遂产生了自杀的念头。但又打算给别人以被害的假象，以嫁祸于掌权的政敌。

一天早上，卫兵打开紧锁的房间，发现将军早已死于床上，颈部被刀割断动脉。但是遍查室内的冰箱、电视等物均没有异象，而且也没有发现任何凶器。

地板上只有一个被打开的杀虫剂罐头，气味十分强烈。将军的爱犬不在室内，卫兵猜测小狗也许是通过墙壁上的狗洞离开的，那个狗洞根本无法让凶手钻出去。

卫兵在花园里发现了小狗，又在大树下发现了一把小刀，但刀身上没有任何血迹，只是刀柄上系了一条细短线。在狗尾上系有一条粗线。

卫兵百思不得其解，只好据实上报是他杀，引起了社会上的很大

震动。

　　你能说出将军是怎么把自杀伪装成他杀的吗？

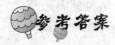参考答案

　　将军生前用冰箱制作了方冰块，里面冻结了两段线。一根细短线系上小刀，再把另一根粗线系在小狗的尾巴上。将军在割喉后，立即把刀上的血迹擦掉，又打开杀虫剂罐头，强烈的气味迫使小狗从小洞内跑出房间。后来冰块融化，这才使小刀丢落在大树旁，造成了将军是被人杀害的假象。

浴缸杀人之谜

富豪布莱克有一幢能看见海景的豪宅。这天，他的好朋友尼克探长想去看看他。路上，尼克给布莱克先生打了电话，告诉他大约半个小时后到。

半小时后，尼克准时到达，可在陈设奢华的客厅里等了 5 分钟左右，还不见布莱克先生出现。

这时仆人特里说："老爷进去洗澡已经半个多小时了，会不会……"

尼克探长撞开房门，发现布莱克先生泡在浴缸里，已经去世了。从初步检查的结果来看，他是溺水死的，死亡时间大概在半小时前。

警察赶到后做了进一步分析，发现布莱克先生竟然是被海水溺死的！他的肺部有大量海水，而没有淡水残留；同时，整个下午只有仆人特里一个人在家，没有其他人来过。

尼克对警察说："抓住特里，只有他有作案时间，他就是凶手！"

"不是我，真的不是我！"特里拼命地摇头，"你打电话来的时候老爷还接电话呢，从那时到现在只有 30 多分钟，可是从这里到海边却要一个小时！我就是坐飞机也来不及啊！依我看，一定是这宅子里出现了海鬼，在浴缸里杀死了老爷！"

尼克探长仔细地察看了浴缸，发现经过一段时间后，浴缸边上有了一些细小的白色粉末，他回头冷笑道："少来了，你那点雕虫小技还能瞒过我吗？你就是凶手！"聪明的读者，特里是怎么在 20 分钟里完成"不可能的任务"的呢？

参考答案

思维定式是侦探最大的敌人。在海水中溺死是一条重要的线索，同时它也在暗示案发地点是在海边，而特里拥有不可能的时间证据。

实际上，如果仔细思索一下，并不是被海水溺死就一定发生在海边。如果有足够的海水的话，在浴缸里同样也能作案，然后放掉海水。装满淡水，这只需要 10 分钟就够了。

电梯谋杀案

著名画家王永因车祸伤愈后只能以轮椅代步。虽然他的画很值钱，但他从来不卖，只送给朋友或慈善机构。王永的住宅是一幢5层的独立洋房。为了方便，他安装了专用电梯。正好近来他的弟弟王远失业，王永就叫他来做助手，还可照顾自己的起居生活。兄弟俩相处得不错。

有一天，王永的同学林方来探望他。林方也是一个坐轮椅的人，他这次带来了慈善机构的朱先生，准备与王永再商讨是否可以资助一家医院的事情。

当林方和朱先生进门时，王远主动地接待了他们，请他们在楼下大厅坐下后，王远就用对讲机与楼上的王永通话，要求带客人上五楼画室，但是王永坚持下楼与客人见面。

这时，电梯在四楼停了一下，然后就下来了。电梯一到楼下，自动门就打开了。人们看到王永竟然死在狭窄的电梯内，他的后颈被一把锐利的短剑刺穿，在短剑的剑柄上系着一条粗橡胶绳子。

王远走进电梯内，把王永的尸体和轮椅一起推出来，为他把了一下脉，脉搏已经停止了跳动。

怪诞无比的推理

— 117 —

"奇怪，难道四楼的画室还有其他人？"

"除了电梯之外，还有没有其他的太平梯？"林方及朱先生问王远。

"嗯，还有一个紧急用的回旋梯，如果凶手真的在楼上，那么要逮捕他，就如同探囊取物了。"

"那么我们现在分成两伙来进行搜查。"

坐轮椅的林方乘电梯上去。林方到了四楼，一个人影也没看见。他溜了一眼王永的画室，图画零乱地散在地上；就在这时候，王远也气喘吁吁地从回旋梯上来了。

朱先生利用画室的电话通知了警察，随后也跟着王远钻入电梯的纵洞内。过了一会儿，只有他一个人从里头钻了出来，手脚、裤子都沾满了灰尘。

现场中，四楼画室的窗子都镶上了铁窗，所以凶手根本没办法从窗口逃出。王永是坐电梯下楼时遇害的，电梯由四楼到一楼，都没有停止过，凶手不可能避开3个人的视线逃走。

这时候，林方忽然想到，他刚才乘坐电梯时，看到电梯的顶板上有一个气孔。

"哦，原来是这样，我确定凶手绝对是他弟弟王远。他在我们来访之前，就先做好了手脚。"

你知道这是为什么吗？

参考答案

利用橡胶绳子的反弹力放出短剑杀人。

林方在乘电梯上四楼时，看穿了王远的计谋。在短剑的柄上，连接了一条橡胶绳子，绳子一端拉到电梯的换气孔系在电梯顶端的操纵孔上。当四楼的王永乘坐电梯下楼时，橡胶绳子就会随着电梯的下降而伸长，当它的长度无法与电梯的长度成正比时，橡胶绳子就会被拉断，因为它有反弹力的缘故，短剑就会像弓箭般射下，刺到了坐在轮椅上的王永。

在专用的狭窄电梯内，坐轮椅的画家经常都是坐在同样的位置上，所以短剑下坠的方向，凶手可以事先预测出来。而王永坐电梯时很少往上看，所以根本没有注意到换气孔的短剑。

遇害的球星

著名篮球运动员韦伯篮球打得非常好，是很多人崇拜的大球星，这样引起了一些教练和篮球运动员的嫉妒。一个星期六的下午，韦伯在自己家里被人枪杀了由于他的知名度很高，这一爆炸性新闻立刻在全国传开了。

汤姆探长接到报案后，火速带着助手赶到了案发现场，只见韦伯头部中了 3 枪，被血迹包围着的头部已经难辨真容。

汤姆对邻居进行了询问，一位邻居告诉他，开枪的时间是在 17 点零 6 分。另一位在楼下路过的人也证明了枪响的时间是 17 点零 6 分。

汤姆马上对现场进行了全面的勘查，寻找可能破案的证据。很快他在一张桌子上发现了韦伯写的信笺，信笺上提到了 3 个男人一直都想谋害韦伯。

"这可是重要线索！"汤姆喜出望外，对助手说道："我看这 3 个人都有嫌疑。"

于是，汤姆和助手开始对 A、B、C 这 3 个人进行跟踪调查，不久就查出了他们在星期六下午的一些情况。

A 和 C 是足球教练，B 是橄榄球教练。这 3 名教练的球队，星期六下午都参加了 3 点钟开始的球赛——A 教练的球队是在离死者住所 10 分钟路程的体育场上争夺"法兰西杯"锦标赛，并且在 90 分钟的时候

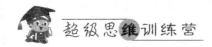

打成了平局；B 教练的队员是在离死者住所 60 分钟路程的运动场上进行友谊赛；而 C 教练的队员是在离死者被杀地点 20 分钟路程的体育场上参加冠军决赛。

同时，有人证实 3 位教练在裁判吹响结束笛声时，都在场上指挥比赛。

看到这样的调查结果，汤姆的助手不禁非常沮丧地说道："看起来是嫌疑人的这 3 个人，又都没有作案的可能啊！"

"不！"汤姆说道："我知道凶手是谁了！凶手就是 C 教练！"

汤姆为什么说 C 是凶手呢？

一场橄榄球赛需要80分钟（不包括比赛中间休息），再加上60分钟的路程时间，B教练在17点20分之前是无论如何也到不了韦伯的家的。足球比赛全场是90分钟，即使加上中间休息15分钟，A和C两位教练也完全有可能作案。但A教练参加的是锦标赛，当他们踢成平局时，还有30分钟的加时赛时间，再加上10分钟的路程，即使不加上中间的休息时间，A教练也不能在17点10分之前到达韦伯家里。所以，只有C教练才有可能杀死韦伯。因为，比赛时间是90分钟，中间休息15分钟，路程20分钟，他可以在17点零5分，即在枪响前一分钟到达韦伯家里。

叔叔的离奇死亡

迪伍德是一位远近闻名的总裁，他的名下拥有着几个大公司和一笔数额巨大的存款。遗憾的是，迪伍德无儿无女。眼看着自己的年龄越来越大，迪伍德经过深思熟虑后，决定把自己的财产全部留给自己的两个侄儿阿萨和塞西尔以及侄女波比。

这天上午，迪伍德叫来律师，当着3个孩子的面，郑重地签署了一份财产继承文件。3个孩子眼看着叔叔的签字就要变成了事实，都显得异常兴奋。

可是，当天下午就出事了，律师正在迪伍德的书房里整理文件时，突然听到了一声迪伍德的惨叫声，把一向老成持重的律师吓了一跳，他飞快地跑下楼去。

在二楼很少有人走的后楼梯的上面，迎面撞见了阿萨。见律师跑

怪诞无比的推理

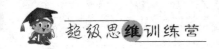

来，阿萨便结结巴巴地说道："声音是从一楼传来的。"

律师快速地走下了狭窄的楼梯，一不小心，脸撞上了一张蜘蛛网。

他用手捋了一下蜘蛛网，便来到了一楼的厨房。在门口，他往里一瞧：地板明显是刚刚擦过，显得很洁净光亮，立在一旁的餐具柜却非常乱。迪伍德就躺在地板上，身上插着一把刀。凭直觉，律师感到迪伍德已经死亡。

聪明的律师马上招呼保姆，要她保护好现场，同时报警。与此同时，他又透过厨房与后花园的连接门上的窗户向花园里看了看，他看到外面泥地上有脚印向厨房走来。

不一会儿，两个警察走了进来，开始一一讯问。

塞西尔说："肯定有人从后门闯了进来，我一直坐在主楼梯旁的前客厅，我没看到有任何人进来!"

"我也是!"波比指着自己鞋上的泥巴说，"我一直在厨房后面的花园里散步，我什么也没看见。"

"好了，你们不用解释了，我已经知道谁是凶手了。"律师郑重说道。

请指出凶手是谁?

参考答案

律师用的是排除法。当律师走后楼梯时，脸上撞到了蜘蛛网，说明阿萨没有从后楼梯走过。同时，阿萨也没有走过主楼梯，因为一直坐在主楼梯旁的塞西尔说没有看见过他。另外，刚擦过的厨房地板上没有脚印，说明波比没有进过厨房。所以，只有塞西尔有时间杀人，况且他还说了有人从后门闯了进来这样的掩饰话。

风流画家与少妇

"你要多少钱都可以，只希望你替我暗中调查内人的私生活是不是有问题。"吴治顺摆动着肥胖的身躯跟在我身后哀求着。我因为经济上周转不便，别人又催着我还钱，实在无心调查这件外遇。

"你心中有没有怀疑的对象？"

"有，一个叫唐镇山的画家！"他回答。

"既然有，又何必叫我去调查呢？"

"因为没有证据啊！"他狠狠地捶了一拳在我的桌面上。

我没办法，只好答应。

他马上从口袋里掏出一张照片，上面是一位十分美丽的女人。他腼腆地说："这是我内人，她叫江晓婷。"

"哦，很漂亮！"我回答，这是典型的老夫少妻。

"我平时工作忙碌，她说想要学绘画，我就送她去唐镇山那儿学画。"

"唐镇山能有今天，还不是靠我的帮忙，没想到他居然忘恩负义！"他生气地说。

"你太太曾向你提起过吗？"

"不，她什么都没说，所以我要证明事实。"

"在哪儿学画？"

"忠孝东路的帝豪大厦，我太太肯定在那里。"

随后，我对唐镇山做了一番仔细的调查。原来他绘画造诣很高，目前仍然未婚，因风流性情赢得许多女人的芳心，因此也结下不少仇家。

我趁他外出时潜入他的公寓，小心翼翼地装好窃听器，正好隔壁房间没人住，所以我就租下来，以方便窃听，这些花费当然都由吴治顺

怪诞无比的推理

负担。

在窃听中我才明白，有一个叫宋哲平的人和他常起冲突，原来是为了受奖的事，一度还差点造成流血事件，这些对话，我都做了录音。

关于唐镇山和江晓婷之间的对话，我更是仔细听，可以证明他们的确有亲密的关系，只是，唐镇山并非真心爱她，我将录音放给吴治顺听，他气得暴跳如雷，我真担心他会做出什么傻事！

又过了一个月，我担心的事真的发生了：唐镇山夜里被人刺杀身亡。我的录音机忘了按下开关，可惜，没有录到任何线索。

侦探张矶川认为能够进入屋子的一定是熟人，所以吴治顺、江晓婷、宋哲平三人都涉嫌，同时，在尸体旁找到了吴治顺的打火机，所以，侦探张矶川肯定凶手就是他。

"不是他！"我对得意洋洋的侦探张矶川提出抗议！

"你连录音机都忘了开，又怎么知道不是他？"侦探嘲笑地盯着我。

"无论如何，我已经知道是谁了！"作为私家侦探，我从来认为自己不比他们差，所以我不服输地回答。

各位朋友，你们猜出来了吗？

参考答案

凶手是江晓婷。在唐镇山的房间里早已装了窃听器，案发当日"我"忘了打开，但那纯属偶然，所以凶手绝不可能是吴治顺，因为他知道"我"会在隔壁窃听，不会笨到自己杀人。所以只有宋和江的嫌疑最大，因为他们不知道有"我"这号人物存在。但是从掉在尸体边的打火机来看，一定是有人故意嫁祸于吴治顺！宋并不认识吴，所以他也没有机会盗取吴的打火机，只有吴的妻子江才有可能。因为她憎恨唐镇山用情不专，更厌烦了年老的丈夫，所以希望他们二人都从此消失，因此，真正的凶手是江晓婷。

找金笔的凶手

　　位于贝当大街布鲁克巷 3 号的一间情人旅馆里，除了救护车的工作人员、警长莫纳汉和名探哈莱金外，还有一具女尸。这是一位妙龄女郎，被人用水果刀捅入背部致死的。她是吕蓓卡·兰恩，警长向哈莱金介绍情况，"她上周才与大卫号船长西奥多·兰恩完婚。昨天西奥多刚启航前往夏威夷，他们在第三大街有一套小巧的单元。"

　　"有嫌疑对象吗？""可能是查理·巴尼特。吕蓓卡曾与巴尼特相

怪诞无比的推理

好，但最后选择了西奥多。""让我独自去拜访一下巴尼特吧。"哈莱金说着故意将一支绿色金笔扔在门口。巴尼特独自住在他的加油站后院。哈莱金进门就问："你知道吕蓓卡被人杀了吗？""啊！不，不知道。"巴尼特气喘吁吁地说。

"嗯，不知道就好。"哈莱金说，然后他伸手到上衣袋中假装摸笔做记录："噢，糟糕，我的金笔一定是刚才不小心掉在吕蓓卡的房间了。我得马上去办另一件案子，你去帮我找回来吧，顺便告诉警方你与此案无关。你不会拒绝吧？找到后送到警察局就行了！"巴尼特看上去似乎很犹豫，但他终于耸了耸肩膀，无可奈何地说："好吧。"当巴尼特将金笔送到警察局时，他立即就被逮捕了。

虽然巴尼特声称他不知道吕蓓卡·兰恩被谋杀之事，但他却知道杀人现场。如果他是无辜的，他就应该到第三大街吕蓓卡的新居寻找金笔。这是探长为嫌疑人设的局，主动出击，让嫌疑人在细节上露出马脚。

邮票遭抢事件

4月20日是邮政纪念日。1871年的这一天，日本发行了第一枚邮票。本文讲述的就围绕一枚稀世旧邮票而引发的事件。

日本邮票收藏家竹田秀夫，在纽约的邮票拍卖市场上以15万美元的高价击败了美国集邮商，买下了一枚"邮局邮票"。

这枚邮票是1847年在印度洋上的一个英属殖民地毛里求斯岛发行的。当时，岛上连一个像样的印刷所也没有，还是由一个钟表匠采用凹版印刷制作的，而且不知是疏忽还是什么缘故，竟把"POST·PAID"（邮资已付）的字样印成"BOST·OFFICE"（邮局）。经考证，这种邮票目前世界上仅存 26 枚，称得上是珍品中的珍品了。

拍卖结束后，秀夫避开记者的纠缠，悄悄离开拍卖市场，急于回到下榻的饭店好慢慢欣赏一番这用 15 万美元巨款买到手的珍品。

可是，当他走到地下停车场，刚想拉开车门的时候，突然头部被人从背后用钝器击了一下，当即就失去了知觉。

当他醒来后，见自己的手脚被紧紧地捆绑着，关在一间不知是什么地方的汽车库里，身边围着 3 个戴着墨镜、凶神恶煞似的人。秀夫马上观察了一下周围，断定他们是一伙专门抢劫世界上名贵邮票及其他收藏品的强盗。不久前，在伦敦、巴黎等地屡屡发生收藏家遭劫、贵重珍品被抢的案件。

秀夫早有提防，已妥善藏好邮票，但他怎么也没有料到刚一出拍卖市场就遭劫。

"你想保命，就乖乖地把邮票交出来。我们要的是那张旧邮票。"强盗集团的头目用手枪逼着秀夫威胁说。

"我不知道哪张邮票。"秀夫矢口否认。

"你别装傻！我们从拍卖市场一直盯着你到这儿！"

"既然那样，就随你们搜好了。"

两个喽啰搜遍了秀夫的衣服口袋，但口袋里只有旅行支票、300 美元现钞和手帕、汽车钥匙以及使用过的一张明信片。明信片上绘有富士山图案，是从日本寄来的。

"就是明信片上贴着的这张邮票吧？"

"不是，这是日本极普通的纪念邮票，别看尺寸挺大，连一美元也不值。"

"可是，没见有其他邮票呀！头儿，会不会是这个家伙把邮票藏在拍卖行的寄存柜里了？"

怪诞无比的推理

"不会的。他只去了一次厕所，马上就来停车场了。他是不会把花了15万美元高价买到的邮票轻易地放在什么地方的。来！把他的衣服剥光搜，就一张小小的纸片，可能会藏在衣服里或鞋里。"

歹徒们剥光秀夫的衣服，用剃刀把西服和内衣一点点剥开，把鞋割成碎片，从头到脚仔细搜了个遍，当然头发里也没放过。但最终还是没找到那枚价值15万美元的邮票。

秀夫到底把邮票藏到哪儿了呢？当然邮票他是一直带着的。

原来秀夫将邮票贴到有富士山图案的那张明信片上，再在上面贴上普通的纪念邮票。歹徒们没有想到他会把珍贵的"邮局邮票"贴在那张使用过的不值钱的纪念邮票的里面。

经济间谍之死

经济间谍村山已经被人识破，此刻正受K公司老板们的训斥。被村山盗去重要机密的K公司的老板们虎视眈眈地盯着村山。

"不交给警方，当场把他干掉吧！"

"把他碎尸万段吧！"

"不，有更好的办法，把这家伙捆起来放到铁道线上去。这样一来，无缘无故车压上后就会脱轨，也破坏了现场，就不会留下证据。今天夜里就干，这段时间先让这家伙睡下。"

虽然是经济间谍，可生性心胸狭窄、心脏不好的村山惊恐万分，拼命挣扎着想要逃脱，怎奈被注射了镇静剂，陷入了梦乡。醒来时，他发觉自己被结结实实地绑着扔在铁道线上。碎石碰到手，而且，不知为什么还被戴上了眼镜。一定是这帮家伙的圈套。过了一会儿，前方出现了灯光逐渐向这边靠近，是列车来了。如果这样躺着不动会被轧死的，可是身子不听使唤。随着一声绝望的惨叫，村山的人生结束了。

两小时后，村山的尸体被发现。可不知为什么发现尸体的地方竟是某商店的停车场，而且死因是心肌梗死。

村山的确是列车轧死的，可这究竟是怎么回事呢？

参考答案

村山看到立体电影后发生了心肌梗死。

在 K 公司内做了一个布景：房间里漆黑一片，在代替屏幕的白色墙壁上映现了放映机放的铁路。远方的列车眼看着向村山逼近。由于村山被戴上立体眼镜，透过眼镜看到的图像有立体感，栩栩如生。列车的声音是通过屏幕后的扬声器传来的。本来就心胸狭窄、心脏不好的村山信以为真，由于惊恐过度发生了心肌梗死。

观星塔上的谋杀

昨日清晨科学院发生了一件可怕的事，研究生严勤学死在观星塔最高的平台上，身上没有明显的伤痕。经仔细检查，发现严勤学的右眼被一根长约 3 厘米的细毒针刺过。在他的尸体旁边，有一枚沾满血迹的针。由现场情况看来，严勤学显然是自己把刺进眼中的毒针拔出来以后才死亡的。此事目前尚未对外公开，也没有查出任何线索，现在整个科学院已经为这件事起了很大的骚动。

观星塔是个独立单位，而且，下面的大门锁着，没有钥匙绝对无法打开，也没撬开的痕迹，严勤学可能是锁好大门才到平台上去的。所以

我们推测凶手一定不是从钟楼的大门进去的。

这平台的位置是在四楼的南侧，离地面差不多有 26 米的高度，观星塔的旁边还有一条河流，自钟楼到对岸也有 40 米的距离，昨夜又刮着很大的风，即使那凶手是从对岸用吹笛把细毒针发射过来，也不可能那么准地打到严勤学的右眼。

可是，严勤学却正是被此毒针打中右眼而死的。那么到底谁是凶手呢？又是用什么方法把人杀死的呢？这真是一件令人百思不解的案件。

科学院的院长把严勤学的死亡，视为自杀事件处理，想在院内简单地替他办葬礼。可是，谁又能相信一向信仰坚强、好学不倦、对大自然充满热爱的研究生，竟会采用这种方式自杀呢？

这时科学院中的人员均议论纷纷，特别跟严勤学最接近的潘教授，更是不同意院方所下的定论。于是就展开了调查，决心揪出凶手，为严勤学伸冤报仇。

从调查的过程中，知道严勤学为更好地研究太空中的一切，每晚都偷偷地在观星楼认真观察天上星星及月亮的活动，大风大雨也从不间断，这一切的表现，更坚定了潘教授的信心，更坚定了严勤学是被杀而不是自杀的看法。

潘教授调查了跟严勤学最接近的几个学生，又知道，严勤学是某富商之子，他有一位同父异母的弟弟，今年夏天，他父亲因病去世，严勤学打算将他所得到的那份遗产全部捐给科学院。可是严勤学的弟弟却认为他这种做法相当愚蠢，曾经威胁严勤学说：如果不马上停止他这不智之举，他就要向法院提出控诉，剥夺严勤学的继承权。

"在发生此案的前一天，严勤学的弟弟寄来了个小包裹，小包裹内装什么东西，严勤学没有告诉任何人。昨天，我来清扫房间时，也没有看到那个小包裹，说不定，凶手是为了窃取小包裹，才对严勤学下毒手的。"院中的清洁工对潘授教说了以上的话。

年迈的潘教授此刻闭上双目，静静地思索着，又睁开眼睛，望着那水波款款的河水悠然地在流着。这时潘教授就与警方探讨事件的真相。

"这是我照情形所作的推测，根据常识和观察力来判断案情，是不会相差太远的，在案情未公开之前，能不能叫人打捞此河，我虽有很妙的推理，但若没有证据，是没有人肯俯首认罪的，我这种推理，只不过是一种假设而已。"

谁是杀害严勤学的凶手呢？

参考答案

"过后终于在河底找到一个望远镜，这是一个长度仅40厘米的望远

怪诞无比的推理

镜。严勤学的弟弟送来的那个小包裹，一定就是这个望远镜！但这个望远镜怎儿会和杀人案扯上关系呢?"潘教授把望远镜仔细地看了看，过了一阵说:"我的推测一点也没错，这个望远镜是可以随时拆开的，严勤学的弟弟把细毒针装在这个望远镜的镜筒内，当严勤学把望远镜放在眼睛上，一面用手转动镜筒中央的螺丝，来调整镜头焦点，藏在镜筒内的细毒针受到弹簧的反弹力便射了出来，正巧刺进严勤学的右眼，严勤学惊慌失措，把手中的望远镜扔了出去，望远镜就是这样掉进塔楼下的河里，虽然严勤学及时用手拔掉了刺在眼中的细毒针，可是这样更加快了他的死亡。"

罗斯福破案

美国总统罗斯福曾当过私人侦探。一个冬天的夜晚，罗斯福接到考古学博士卡恩打来的电话。"罗斯福先生，不好了，古代玛雅文明的黄金假面被盗了。已派秘书去接您，请速来研究所。"

两个小时后，一位秘书驾车来到罗斯福家，罗斯福立即上了汽车。年轻的秘书一边开车，一边向罗斯福讲述:被盗的黄金假面，是从墨西哥的尤卡坦半岛古代的玛雅金字塔里发掘出来的，现为亿万富翁 A 氏所有，卡恩博士是为了研究才将它借来的。汽车在路上足足用了一个半小时，到达卡恩博士的研究所时，已是深夜 11 点。

秘书请罗斯福在客厅稍事休息，并说:"博士在二楼研究室，我这就去请他。"说完，就上楼去了。罗斯福刚要坐下，就听到楼上传来惊叫声:"哎呀，不得了啦! 博士自杀了!"

罗斯福大吃一惊，飞快地奔上二楼，只见天花板下的铁管上拴着一根绳子，博士的头颈套在里面，用来垫脚的椅子摔到在脚下。室内除了写字台、书橱等研究用具外，还有一张铺着电热毯的简易木床，别无其他陈设。

"他大概是感到黄金假面被盗，责任重大才自杀的吧！"秘书说道，脸色吓得苍白。

罗斯福摸了摸死者的面颊和手，说道："嗯——尸体还很热。"他感到奇怪：室内相当冷，怎么死者的体温与生前几乎完全一样？

"可能就在我们回来之前自杀的。"

"嗯，这样的体温，表明人死后还没超过一小时。"

罗斯福想，死者可能会留下遗嘱。他连忙把博士的工作服口袋检查一下，发现仅有半块没吃完的锡纸包着的巧克力，但已经融化了。他拿着它，思忖着，顿时起了疑团。罗斯福指着秘书说："哼！原来杀人犯就是你！你在开车来接我之前，先将博士杀死，然后再让他伪装上吊自杀。由此看来，盗窃黄金假面的也是你。"

罗斯福是怎么知道秘书就是凶手的？秘书又是如何杀害博士的？

参考答案

秘书杀死博士，并造成他自杀的假象，然后就用电热毯将吊着的尸体紧紧裹着，一切弄妥之后才去接罗斯福。3小时后，秘书与罗斯福一起回到研究所。他先让罗斯福在会客室等候，自己走上二楼，迅速把电热毯取下。这样即使死去了3个小时，尸体也不会变凉。但是由于放在口袋里的巧克力也随着身体一起变暖而融化，罗斯福因此识破了秘书的诡计。

大杨树作证

贝利要出国办一件很重要的事情，就把家里的珠宝放在一个盒子里

交给好友拉玛保管。

半年后，贝利回来了。他来到拉玛家里，要取回他存放在这里的珠宝盒子，可拉玛说："什么盒子？我怎么从来没有听说过呀？再说，这么贵重的东西你怎么可能放在我家里呢？"

"你……你……半年前，我不是在那棵大杨树下把珠宝盒子交给你的吗？"

"什么大杨树？我从来没有到过那里。"

贝利见他这样说，知道他是想抵赖，他只好请郝伯特探长破案。

拉玛见到探长后还是说："我一点也不知道他所说的什么珠宝盒子。"

探长便问贝利："你是在什么地方，当着谁的面把首饰盒子交给拉玛的？珠宝有没有清单？"贝利把清单的副本交给探长，然后说："我给他首饰盒子时，旁边没有其他人，不过，我是在一棵大杨树下给他的。"

一会儿，探长命令一位办事员：

"你马上到那棵大杨树下去一下，告诉它，就说我要它到这里作证。"

办事员走了。等了好久，那个办事员还没回来，探长不耐烦地说："这办事员真是耽误时间。拉玛，那棵树离这有多远？""探长，还早呢！那棵树离这里有5里远呢。"

探长说："那我们就不用等杨树了，我断定是拉玛拿走了贝利的珠宝盒子。"

你知道探长是凭什么判断的吗？

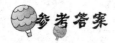

探长叫办事员把大树叫来作证，是故意给拉玛看的，然后趁他放松

警惕的时候，再让他随口说出大树的远近，这就说明他到过那棵大杨树下。拉玛说他从没有到过那棵大杨树下，只是他不想归还贝利的珠宝撒的谎。

哪只眼睛是瞎的

美国首任总统华盛顿是一位逻辑非常严密的人，他年轻的时候，就曾凭借着缜密的逻辑思维推断过不少案件。断马案就是他众多案件中的一个著名的逻辑推理案。

有一天夜里，邻居偷了华盛顿家的一匹马。第二天一早，华盛顿就

同一位警官一起到邻居家去讨要。可是，任凭华盛顿如何说明情况，这位邻居就是死不认账，并且声称自己农场里的马都是自己辛辛苦苦喂大的。

华盛顿眼见邻居赖账，便走进了邻居家的农场，在里面转了一圈，很快就看到自己家丢失的那匹马。

他便来到马的面前，突然用双手捂住了马的双眼，问他的邻居："这马是你养大的吗？"

"当然，这是我家的马，绝对没错！"邻居语气十分坚定。

"那好，现在请你告诉我，这匹马的哪一只眼是瞎的？"华盛顿看着邻居追问道。

"是……是右眼。"邻居有些支支吾吾地回答道。

华盛顿放开了蒙住马右眼的手，马的右眼并不瞎。

"啊呀，我记错了，真不好意思。"邻居连忙改口说："马的左眼才是瞎的。"

华盛顿马上又放开蒙住马左眼的手，原来马的左眼也不瞎。

"我又说错了……原来马……"邻居还想狡辩，华盛顿说出一番话，这位邻居只得承认了是自己偷了华盛顿家的马。

参考答案

华盛顿说："你不用狡辩了，这匹马根本就不是你家的。当我问这只马哪一只眼睛是瞎的时候，你就露了馅儿。你是在夜里偷的马，不可能知道这匹马是不是瞎的。所以我一问你，你就认为这匹马必然有一只眼睛是瞎的，所以也就回答是右眼睛，你认为这有50%的概率可以答对，可你万万不会想到，这匹马根本没有瞎。因此，你的概率是错的，也就证明了这匹马不是你的。"

说谎的伯顿夫人

凌晨 3 点 30 分，侦探康纳德·史密斯床边的电话铃急促地响了起来。电话里传来一个女人的声音："您是史密斯先生吗？"

"是的。你是谁？"

"我叫爱丽斯·伯顿。史密斯先生，请您快来，有人杀害了我的丈夫。"

史密斯记下了她的地址。门外，北风呼啸，大雪纷飞。"这鬼天气，真冷！"史密斯边说边穿好大衣，围上了一条厚厚的毛围巾。40 分钟后，他来到伯顿夫人的家。

爱丽斯·伯顿看来一直在等候侦探的到来，一听见门铃响，她立即为史密斯打开了房门。史密斯一进屋，觉得屋里很暖和，不由得摘下了围巾，脱下大衣。伯顿夫人穿着睡衣，脚上是一双拖鞋，头发乱蓬蓬的，脸色惨白。她告诉史密斯："尸体在楼上。"

史密斯说："请谈谈具体情况。"

"我和我丈夫是在夜里 11 点 45 分睡的，也不知道怎么了，我在凌晨 3 点 25 分左右就醒了。听听丈夫一点气息也没有，觉得很奇怪，仔细一看，才发觉他已经死了。他是被人杀死的。"

"后来呢？"

"我立即下楼来给您打电话。那时我看见那扇窗户大开着。"她用手指了指那扇还开着的窗户。"凶手一定是从那扇窗户进来的，然后又从那扇窗户出去的。"

史密斯走到窗户前，只觉得猛烈的寒风"呼呼"地直往屋里吹，他缩了缩脖子，忙关上窗户。他转过头来对仍在抽泣的伯顿夫人说："验尸的事让警察和法医来做吧。在他们到达这里之前，你或许愿意把

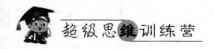
真相告诉我吧!"

伯顿夫人听史密斯这么一说,脸变得更苍白了: "您这是什么意思?"

史密斯侦探冷笑道:"因为刚才你没有对我说实话。"

为什么史密斯侦探认为伯顿夫人没说实话呢?

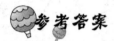参考答案

史密斯从接到电话到伯顿家至少有40分钟。如果按伯顿夫人所说她在打电话前就发现窗户是开着的,那么,在寒冷的风雪夜,这么长时间开着窗户,房间里的温度一定会下降。可史密斯刚进伯顿家时,感到屋里很暖和,这说明那窗户并不是一直开着的,而是刚打开不久。

暗　语

莎特小姐打开了电视机,播音员正在播报一条消息:

"今天19点左右,在贝母霍德华园街,一名79岁的老人在遭抢劫后被枪杀。据目击者说,凶手穿绿色西装。请知情者速与警察局联系。"

花园街正好是莎特住的这条街,因此她感到很害怕。正在这时,突然有人敲门,那人用枪顶着莎特的背,命令道:"到门口去,就说你已经睡下了,不能让他进来。"

"谁呀?"莎特问道。

"韦尔曼警官。莎特小姐,你这儿没事吧?"听到熟悉的声音,她内心平静了许多。

"是的。"她答道。停了一下,她用稍大的声音说:"楼上的山姆大

叔也在问你好呢，警官！"

"谢谢，晚安！"不一会儿，巡逻车开走了。

"干得不错，太妙了。"那人于是大口喝起酒来。

突然，从阳台上的门口一下子冲进来几位警察，没等那人反应过来，就给他戴上了手铐。

请问莎特小姐是如何暗示的？

参考答案

韦尔曼警官是莎特的朋友，所以他知道楼上根本就没什么山姆大叔。当莎特得知门外是警官时，便故意说山姆大叔也向韦尔曼问好，他就明白是怎么回事了。

神秘的易容术

日本有一位女易容师，手法相当高明，她能使40多岁的男演员变成20多岁的"奶油小生"，也能够把妙龄美女变成丑陋的老太太。

有一天，她家里来了一位不速之客，是刚刚越狱的逃犯。他一进门就手持匕首逼住易容师道："现在警察正在到处搜捕我，我要立刻离开这座城市。我要你为我化妆！化妆成另外一副模样。只要你老老实实地为我化妆，我就不会伤害你，否则要你命！"

易容师心里恨透了这个恶棍，但她装作很顺从的样子说："你想化妆成什么样子？化妆成女人怎么样？"

"不行，化妆成女人行动不方便，你只要给我换个长相就行了。"

"那么，我就让你变成一个非常难看的中年人吧！"只一会儿，易容师果然将他变成了一个脸色黝黑、面目丑陋的中年男子。

怪诞无比的推理

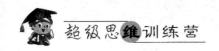

这个人照了照镜子，觉得现在一点都不像原来的自己了，因此非常满意。为安全起见，他临走时，还把女易容师绑了个结实，以防她去报案。可出乎意料的是，这个人刚刚来到大街上，就被警察逮捕了。

请问这位易容师做了什么手脚？

参考答案

原来，易容师前几天在报上看到了一张通缉犯的照片，于是，就把这个通缉犯的模样移植到了此人脸上。

此案中，易容师的高明之处在于"换汤不换药"。如此变脸易容，表面上变了，实际上"通缉犯"的身份并没有变，她使这个不速之客就范的目的也没变。

故意踩对方一脚

法国记者安娜在东京的地铁车厢里丢了一个钱包，他在地铁列车停稳后，第一个跑出车厢，焦急地对警察说："先不要放人出站！我的钱包被偷了，请你们帮我查一下。"

警察对安娜的遭遇非常同情，但看到走出车厢的人群，无可奈何地说："这是终点站，不放人是没有什么问题，不过，我们不能对每一位旅客搜身吧？"

"当然不是，只需要男人脱下鞋子，查看一下他的脚背，就能够找到扒手。"安娜非常有把握地说。

"这是怎么回事？"警察非常奇怪。

"当时我在扒手的脚背上狠狠踩了一脚，一定会留下痕迹的。"

原来，安娜当时在车厢里觉得后面有一个男人的手伸向了她的胸

部，她知道自己如果大声叫喊，就可能要被扒手用刀子捅，急中生智，装作被前面的人拥挤了一下，趁势猛地踩了后面男人一脚。

按照安娜的建议，所有的男旅客被集中在出口处，每个人都把鞋子脱下来例行检查。果然，发现有一个男人的脚背上有一块红肿，与安娜的高跟鞋后跟形状非常吻合。接着，在他的身上果真搜出了安娜的钱包。

警察后来问安娜："当时你背后男人不止他一个，怎么能够断定他一定就是扒手？而不是一般的乘客？"

你能回答这个问题吗？

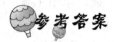

参考答案

安娜的思维是这样的："我这一脚如果踩了别人，那个人一定会大喊大叫的，说不定还会骂我一通。但那个人却默不作声，这说明，他就是扒手，因为他会因为自己的偷盗行为而不敢声张。"

神秘的阳台

莎拉一直期盼着哈代博士的邀请，她想象着这位大侦探的住所同伦敦贝克街22号A座福尔摩斯旧宅一样，充满了惊险、神秘与浪漫色彩。

可这天晚上，当她跟着哈代走过布满灰尘的走廊时，感到非常失望。大侦探的小房子在六楼的最顶端，简直不像一个传奇人物的住所。

哈代博士看出了莎拉的失望，便对他说："你大概想象在我的房间里应该有神秘的来客、美丽的女郎和放了毒药的葡萄酒吧！可我倒是接到了一个极普通的电话，要我回房间来等一位客人。请吧！"

说着他们来到门口，哈代掏出钥匙又回头补充了一句："不过，你很快就会看到一份非常重要的文件，它使得好几个人为此送了命，总有一天它会影响历史进程的。"

他们边说边关上了门，然后拉亮了电灯。灯亮时，莎拉着实吃了一惊，房子中间站着一个拿手枪的人，黑洞洞的枪口正对准他们。

"马科斯！"哈代喘着气说，"您不是在柏林吗？您来我这里干什么？"

马科斯低声说："那份今晚就要移交的文件涉及一些新式导弹的问题，您把它交给我恐怕更合适些。"

"真见鬼，这回我非要跟旅馆老板算账不可。"哈代狠狠地说，"这是别人第二次从那该死的阳台钻进我的房间里来了。"

"阳台？"马科斯好奇地问，"不，我有万能钥匙，我如果知道窗外有阳台，那就省我不少麻烦了。"

"不是我的阳台，"哈代气愤地说，"它属于隔壁那个房间的，可是却一直延伸到我的窗下。上个月就有人从隔壁房间经过阳台，爬进我的房间，旅馆老板答应把它拆掉，可一直没动手。"

马科斯挥挥手枪命令莎拉坐下，并对哈代说："我想，10 分钟我们总可以把事情办完吧？好吧，现在你快把文件交出来吧，今晚我一定要把它带走。"

马科斯话音未落，忽然门口传来"嘭嘭"的敲门声。

"怎么回事？谁在门外？"马科斯吓了一跳。

哈代笑了笑说："是警察，为了保护这份重要的文件，是我让他们来巡视的。"

马科斯不安地咬着嘴唇。敲门声又响了。"你准备怎么办，马科斯？"哈代接着说"门没有扣上，如果我不开门，他们闯进来会毫不犹豫开枪的。"

马科斯气愤极了，他迅速退向窗口，推开窗户，把一只脚伸向茫茫的黑夜。"让他们赶快滚蛋！"他警告道，"我在阳台上等着，否则……"他掂了掂手中的枪。

"嘭！嘭嘭！"门外一个声音在急促地喊道："哈代博士！"

马科斯把枪对着哈代，一只手抓住窗框，把身体的重量移向窗外。门把手转动了，马科斯慌乱地松开左手，跳到窗外。只听见外面尖利的一声惨叫，于是一切又恢复了宁静。

门开了，一个侍从用托盘送来两杯咖啡。"这是您的，先生。"说完，他把托盘放在桌上，离开了房间。

莎拉身体发抖，望着侍从的背景。"可是……可是……警察呢？"

"警察？哪有什么警察？"

怪诞无比的推理

"那怎么对付阳台上的那个家伙呢？"莎拉还在担忧着。

"他再也不会回来了。"哈代端起咖啡喝了一口，"因为……"

因为什么，你知道吗？

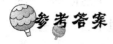

窗外根本就没有阳台，这是哈代的诱导术。

遭窃的手机

这天是双休日，张女士兴冲冲地打扮好了，和丈夫一起乘车到一家超市购物。

这天外出的人真多，上车的时候，大家挤来挤去。上车以后，张女士突然想起一件事，于是想取出手机打一个电话。可当她伸手要去拉开挎在肩上的皮包拉链时，不由得愣住了，她发现皮包已经张开了口。再用手一摸，里面的手机、钱包全都不见了。

这时候她的脑海里急速地回忆着前面发生的事情。她想起自己等车时还给朋友打了一个电话，而且上车时见有人挤来挤去，自己还将皮包紧紧地夹在胳肢窝下面。看来可能性只有一个：这车上有窃贼。

张女士心里知道，现在的窃贼基本上都是团伙作案，而且一般都带有凶器，如果大喊大叫，肯定不会有好结果。于是，她悄悄地在丈夫耳边说了几句话，然后装作他俩相互不认识的模样，自己走到了另一边去。接着，她丈夫不动声色地悄悄拨打了110报警电话。

这辆公交车行驶不远，还没有到下一站，只见一辆110警车突然拦在车前面，几位巡警上了车。

可是一个难题摆在面前：不能耽误大家的时间，应尽快找到偷手机的人。

这时候，张女士采取了一个很简单的办法，使小偷很快暴露了出来。这是一个怎样的简单办法？

参考答案

张女士用丈夫的手机，给自己的手机打电话，只听到一名西装革履的中年男子怀中的手机响起了一阵和弦音乐声。张女士一听自己设置的熟悉的音乐声，用手一指："是他，就是他偷了我的手机！"巡警当即按住了这个中年男子，果然从他身上搜出了张女士的手机。

乐器商店窃案

星期六晚上，一家乐器商店被盗。盗贼是砸碎了商店一扇门上的玻璃窗后钻进店内的。他撬开3个钱箱，盗走1225克郎，又从陈列橱窗里拿了一只价值14000克郎的喇叭，放在普通喇叭盒里偷走了。

警方对现场进行了仔细调查，断定窃案是对乐器商店非常熟悉的人干的。警方把怀疑对象限在汉森、莱格和海德里3个少年学徒身上，认定他们3个人中肯定有一个是罪犯。

3个少年被带到警官索伦森先生面前，桌子上放着3支笔和3张纸。索伦森对他们说："我请你们来，是想请你们与我合作，帮我查出罪犯。现在请你们写一篇短文，你们先假设自己是窃贼，然后设法破门进入商店，偷些什么东西，采取什么措施来掩盖罪迹。好，开始吧，30分钟后我收卷。"

半小时后，索伦森让他们停笔，并朗读自己的短文。

汉森极不情愿地读着："星期六早晨，我对乐器店进行了仔细观

怪诞无比的推理

察，发觉后院是最理想的下手地方。到了晚上，我打碎了一扇边门的玻璃窗，爬了进去。我先找钱，然后从橱窗里拿了一个很值钱的喇叭，轻手轻脚地溜出了商店。"

轮到莱格说了："我先用金刚刀在橱窗上剖了个大洞，这样别人就不会想到是我干的。我也不会去撬3个钱箱，因为这会发出响声。我会去拿喇叭，把它装进盒子里，藏在大衣下面，这样就不会引起人们的注意。"

最后是海德里："深夜，我在暗处撬开商店边门，戴着手套偷抽屉里的钱，偷橱窗里的喇叭。我要用这笔钱买一副有毛衬里的真皮手套，等人们忘记这桩盗窃案后，我再出售这只珍贵的喇叭。"

索伦森听完，指着其中一个说："小家伙，告诉我，你为什么要干这种坏事？"那个少年惊恐万状。

这个少年是谁？索伦森凭什么识破了他？

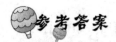

是莱格干的。

他暴露出喇叭是藏在盒子里偷走的，而且还知道店里有3个钱箱被撬。此外，他在短文里几乎所有的行动都跟实际发生的事实相反。

自投罗网的小偷

罗斯一辈子研究出不少化学产品，成了闻名世界的大化学家、百万富翁。

他曾买回好多幅精美绝伦的世界名画和一件件珍贵文物，将这些价值昂贵的东西一一布置在宽敞的客厅里，供客人欣赏。

罗斯多了一份生活乐趣，但这事却给嗅觉特别灵敏的小偷打听到了，这家伙想去偷几件卖掉，好使自己一辈子享用不尽。一天深夜，他悄悄摸到罗斯家中，抱起一件古色古香的文物，便要溜出去。

这时，桌上一瓶绿色的酒吸引了他，酒液清碧，还散出阵阵扑鼻的酒香。这个小偷嗜酒如命，马上拧开酒瓶盖，仰起脖子咕咚咕咚地大口灌进了喉咙。

忽然门外传来了脚步声，小偷马上放下了酒瓶，夺路而逃。

警长乔尼接到报案后立即赶了过来，他在屋里细细观察，没有发现

罪犯留下的任何指纹、脚印。"这窃贼，准是戴了胶质手套，穿了特种鞋。"

这时，罗斯的仆人告诉他，放在客厅里的酒少了半瓶，一定是那窃贼贪酒，喝了几口。

乔尼听了心生一计："说那窃贼一定会寻上门来。"

第二天，那窃贼真的来叩罗斯家的门了。罗斯打开了门，躲在屋内的警察马上冲出来抓住了那个窃贼。

乔尼用了什么计，竟使小偷自投罗网？

参考答案

乔尼请罗斯在报上发了一个声明，内容如下："我是化学家罗斯。昨天我发现家中绿色酒瓶里的液体被人喝了几口。那不是酒，是有毒的液体，谁喝了快到我家服解药，否则5天内会有生命危险。请读者诸君阅后，相互转告，万分感谢！"乔尼使小偷自投罗网一是靠罗斯的特殊身份，二是靠所掌握的一般人的心理：命大于财。

神秘的失踪

理查德和安娜在海港的教会举行了结婚仪式，然后顺路去码头，准备启程去度蜜月。这是闪电般的结婚，所以仪式上只有神父一个人在场，连旅行护照也是安娜的旧姓，将就着用了。

码头上停泊着一艘国际观光客轮，马上就要起航了。二人一上舷梯，两名身穿制服的二等水手正等在那里，微笑着接待了安娜。理查德似乎乘过几次这艘观光船，对船内的情况相当熟悉。他分开混杂的乘客，领着安娜来到一间写着"B13号"的客舱，二人安顿下来。

"安娜，要是带有什么贵重物品，还是寄存在事务长那儿安全。"

"带着两万美元，这是我的全部财产。"安娜把这笔巨款交给丈夫，请他送到事务长那里保存。

可是，左等右等也不见丈夫回来。汽笛响了，船已驶出码头。安娜到甲板上寻找丈夫，可怎么也找不到。她想也许是走岔了，就又返了回来，却在船内迷了路，怎么也找不到 B13 号客舱。她不知所措，只好向路过的侍者打听。

"B13 号室？没有那种不吉利号码的客舱呀！"侍者脸上显出诧异的神色答道。

"可我丈夫的确是以理查德夫妇的名字预定的 B13 号客舱啊！我们刚刚把行李放在了那间客舱。"安娜说。她请侍者帮她查一下乘客登记簿，但房间预约手续是用安娜旧姓办的，是"B16 号"，而且，不知什么时候，已把她一个人的行李搬到了那间客舱。登记簿上并没有理查德的名字。事务长也说不记得有人寄存过两万美元。

"我的丈夫到底跑到哪儿去了？"安娜简直莫名其妙。她找到了上船时在舷梯上笑脸迎接过她的船员，安娜想大概他们会记得自己丈夫的，就向他们询问。但船员的回答使安娜更绝望。

"您是快开船时最后上船的乘客，所以我们印象很深。当时没别的乘客。我发誓只有您一个乘客。"船员回答说，看上去不像是在说谎。

安娜一直等到晚上，也没见丈夫的踪影。他竟然神不知鬼不觉地消失了。一夜没合眼的安娜，第二天早晨被一个什么人用电话叫到甲板上，差一点被推到海里去。

那么，她丈夫理查德到底是怎么失踪的呢？正在这艘船上度假的侦探杰克很快查清了此事的来龙去脉。

你知道是怎么回事吗？

怪诞无比的推理

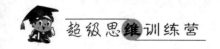

　　安娜的丈夫理查德其实是个结婚骗术师，就是该观光客轮的一等水手。为了骗取安娜的两万美元，他使用假名，隐瞒船员身份，同她闪电般结婚。

　　在码头上，他同安娜一起上舷梯时，不用说穿的是便服，以便不暴露身份。二等水手以为上岸的一等水手回来了，怎么也不会想到他是安娜的新郎。所以在安娜向他们询问时，说了那样一番话。

　　如果是船上的一等水手，在船舱的门上贴假号码，更换房间也是可能的。第二天早晨，打电话把安娜叫到甲板上并企图杀害她的也是他。